高等院校化学实验教学改革规划教材
江 苏 省 高 等 学 校 精 品 教 材

综合化学实验

第二版

总 主 编　孙尔康　张剑荣
主　　编　路建美　黄志斌
副 主 编　彭秉成　薛蒙伟　卞国庆
编　　委　（按姓氏笔画排序）
马桂林　方　东　朱　健　陆新华
杨锦明　杨　平　狄俊伟　李振兴
李娜君　吴晓霞　何凤云　陈昌云
林　伟　柳闽生　胡应杰　费正皓
赵海荣　段海宝　徐　凡　徐小平
徐冬梅　曹向前　程振平　蒋伏广

南京大学出版社

高等院校化学实验教学改革规划教材

编委会

第二版序

化学是一门实验性很强的科学，在高等学校化学专业和应用化学专业的教学中，实验教学占有十分重要的地位。就学时而言，教育部化学专业指导委员会提出的参考学时数为每门实验课的学时与相对应的理论课学时之比，即为(1.1～1.2)∶1，并要求化学实验课独立设课。已故著名化学教育家戴安邦教授生前曾指出："全面的化学教育要求化学教学不仅传授化学知识和技术，更训练科学方法和思维，还培养科学品德和精神。"化学实验室是实施全面化学教育最有效的场所，因为化学实验教学不仅可以培养学生的动手能力，而且也是培养学生严谨的科学态度、严密科学的逻辑思维方法和实事求是的优良品德的最有效形式；同时也是培养学生创新意识、创新精神和创新能力的重要环节。

为推动高等学校加强学生实践能力和创新能力的培养，加快实验教学改革和实验室建设，促进优质资源整合和共享，提升办学水平和教育质量，教育部已于2005年在高等学校实验教学中心建设的基础上启动建设一批国家实验教学示范中心。通过建设实验教学示范中心，达到的建设目标是：树立以学生为本，知识、能力、素质全面协调发展的教育理念和以能力培养为核心的实验教学观念，建立有利于培养学生实践能力和创新能力的实验教学体系，建设满足现代实验教学需要的高素质实验教学队伍，建设仪器设备先进、资源共享、开放服务的实验教学环境，建立现代化的高效运行的管理机制，全面提高实验教学水平。为全国高等学校实验教学改革提供示范经验，带动高等学校实验室的建设和发展。

在国家级实验教学示范中心建设的带动下，江苏省于2006年成立了"江苏省高等院校化学实验教学示范中心主任联席会"，成员单位达三十多个高校，并在2006～2008年三年时间内，召开了三次示范中心建设研讨会。通过这三次会议的交流，大家一致认为要提高江苏省高校的实验教学质量，关键之一是要有一个符合江苏省高校特点的实验教学体系以及与之相适应的一套先进的教材。在南京大学出版社的大力支持下，在第三次江苏省高等院校化学实验教学示范中心主任联席会上，经过充分酝酿和协商，决定由南京大学牵头，成立江苏省高等院校化学实验教学改革系列教材编委会，组织东南大学、南京航空航天大学、苏州大学、南京工业大学、江苏大学、南京信息工程大学、南京师范大学、盐城师范学院、淮阴师范学院、淮阴工学院、苏州科技学院、常熟理工学院、江苏警官学院、南京晓庄学院、南京大学金陵学院等十五所高校实验教学的一线教师，编写《无机化学实验》、《有机化学实验》、《物理化学实验》、《分析化学实验》、《仪器分析实验》、《无机及分析化学实验》、《普通化学实验》、《化工原理实验》、《大学化学实验》、《高分子化学和物理实验》、《高等学校化学化工实验室安全教程》和至少跨两门二级学科（或一级学科）实验内容或实验方法的《综合化学实验》系列教材。

该套教材在教学体系和各门课程内容结构上按照“基础—综合—研究”三层次进行建设。体现出夯实基础、加强综合、引入研究和经典实验与学科前沿实验内容相结合、常规实验技术与现代实验技术相结合等编写特点。在实验内容选择上，尽量反映贴近生活、贴近社会，与健康、环境密切相关，能够激发学生学习兴趣，并且具有恰当的难易梯度供选取；在实验内容的安排上符合本科生的认知规律，由浅入深、由简单到综合，每门实验教材均有本门实验内容或实验方法的小综合，并且在实验的最后增加了该实验的背景知识讨论和相关延展实验，让学有余力的学生可以充分发挥其潜力和兴趣，在课后进行学习或研究；在教学方法上，希望以启发式、互动式为主，实现以学生为主体，教师为主导的转变，加强学生的个性化培养；在实验设计上，力争做到使用无毒或少毒的药品或试剂，体现绿色化学的教学理念。这套化学实验系列教材充分体现了各参编学校近年来化学实验改革的成果，同时也是江苏省省级化学示范中心创建的成果。

本套化学实验系列教材的编写和出版是我们工作的一项尝试，省内外相关院校使用后，深受广大师生的好评，并于2011年被评为“江苏省高等学校精品教材”。

本套系列教材的出版至今已近四年，随着科学技术日新月异地发展，实验教学改革也随之不断地深入，尽管高等学校实验的基本内容变化不大，但某些实验内容、实验方法和实验技术有了新的变化。本套教材的再版也就是为了适应新形势下的教学需要，在第一版的基础上删除了部分繁琐、陈旧的实验，增加了部分新的实验内容，并尽可能引入新的实验方法和实验技术。在第二版教材的编写过程中，难免会出现一些疏漏或者错误，敬请读者和专家提出批评意见，以便我们今后修改和订正。

编委会

第二版前言

化学是一门实践性很强的学科，实验教学是培养学生创新能力和优良素质的有力手段，是整个化学教学中的十分重要的环节。在化学专业基础课中，实验课时占有很大比重，起着非常重要的作用。高等教育的根本目的就是让学生在有限的高校学习期间能最大限度地获得更多、最新的知识，使学生具有较强的分析问题、解决问题能力，以及操作技能、创新思维和创新实践能力，从而适应社会发展与经济建设对高素质人才的需要。随着化学科学的迅速发展，化学实验的课程设置和教学内容急需更新，以满足当前社会人才培养的需要。随着实验教学改革的研究不断深化，科学研究成果逐步推广，在实践中广大师生一致认为在高年级开设“综合化学实验课”是培养创新精神、创新意识、创新能力的有效途径之一。因而综合化学实验教学改革是体现实验教学改革方向的最佳代表。

综合化学实验是在学生完成基础化学实验，掌握化学实验基本原理和基本操作的基础上，在化学一级学科层面上安排的，与学科前沿紧密结合，带有一定的科研性质，能够体现科研与教学相互联系。综合化学实验将比较多的实验基本理论和基本技能融会贯通在一个实验中，以提高学生综合运用所学知识和技能解决复杂问题的能力。

综合化学实验是对基础化学实验完成后即将进入毕业论文的高年级学生所开设的一门衔接性实验课程。学生通过基础实验的训练已具备了一定的实验室知识、实验技能、实验方法和手段。然而，这些很难与实际工作、实际科学研究相衔接，这必将导致学生较难适应毕业后的实际工作，达不到培养具有综合素质、符合社会需求的人才这一教育目的，因为实际工作或科学研究是一项综合性的、全面性的、连贯性的工作。为了填补基本训练与实际工作之间的空缺，需要开设综合化学实验，通过综合实验的训练将各化学学科的理论知识和实验技能融会贯通、综合运用，使学生学会根据实际问题而选择和运用现代实验方法和仪器，从而提高对主要分析方法和仪器的应用、培养学生分析、解决实际问题的能力、绿色环保意识以及科研能力、创新能力。

综合化学实验的开发、设计有一定难度，对人力、物力有较高的要求。集思广益，各显神通，汇编教材就成为当前教学改革的迫切需要，成为许多高校共同的要求。考虑到要适应不同层次、不同类别的高校以及不同高校实验条件的参差不齐，经反复斟酌讨论修改，在第一版的基础上，删去了个别内容太少或者难度太大的实验，同时新增加了8个新编写的实验，这些实验都是老师们的最新科研成果转化而来。第二版精选了37个实验汇编成这本教材，这是多所高校几十位老师多年辛勤劳动的成果，是宝贵经验的汇总。

本书编入的各个实验内容都具有一定的综合性，如有些是无机与有机、物化与分析、合成与表征、分离与鉴定等多重组合，有的则是与生化、医药、环境或材料等学科相结合，还有些是根据教师的科研成果提炼设计的。在教学方法方面注意指导学生参阅文献，设计方案，对实验结果进行分析和讨论等，以培养学生创新意识和创新能力。现代常用的仪器和设备涉及面也很广，如红外、紫外、核磁、顺磁、X射线、差热、热重、色谱、色质联用、电镜等等都在入选之列。

本书内容覆盖面较广，不可能也没有必要每一个实验都做。各高校可根据自己学校的具体情况和实验条件，有针对性地选做一些综合性实验。做这类实验不在"多"而在"精"，结合学生情况因材施教，认真地选做几个，对科学思维方法的培养和科研能力的训练都十分有利。有些实验的内容很多，学时数很多，可以选择该实验的部分内容作为本校的实验教学内容。这些实验内容不仅可供本科生选用，有些也适用于研究生的培养。

本着依托科研，加大化学前沿学科领域的研究热点项目，特别是教师所承担的国家自然科学基金项目、重大项目等移植及转化为综合实验教学内容的宗旨进行本书的编写。在实验内容、实验项目设计上注重加强一级学科之间的交叉，在综合化学实验中增加与环境、材料、生物、医学、生命等学科交叉的内容。如，来自国家自然基金重大项目的"二碘化钐催化腈的环三聚"实验、来自国家自然基金且与生物材料相关的"酪氨酸酶的提取、催化活性及生物电化学传感器的构建与应用"实验等。

综合化学实验还注重挫折性教学，以强化学生科学态度、科学精神、创新意识的训练与培养。即在综合化学实验内容中设置一些小障碍，增加实验失败的几率；同时教学中允许学生失败，但要求通过重复实验探索失败原因，让学生知道"失败"同样是科研成果。

本教材中的大多数综合化学实验已经在学生中多次做过，是比较成熟的；有些是由广大教师承担的国家自然科学基金项目已经结题的科研成果移植转化而来的，有些是从博士生毕业论文中精选提炼出来的。其中相当部分实验反映了当前化学与其他相关学科的前沿。这对推动我国高校的综合化学实验教学发展和学生创新精神、创新意识、创新能力的培养将起着极其重要的作用。

在教材的编写时我们力求实验手段、方法的多样性，教学中学生、教师均可以根据实际来选择，对学生而言锻炼学生通过综合评估来选择适当的方法。在实际教学中，我们一般将综合实验分成三类：60学时以上的大型综合实验、30学时以上的中型综合实验、15学时左右的一般综合实验。这些综合实验能贴近实际工作或科学研究，既有科研方面的培训，又有实际工作方面的培训，可以让即将走上工作岗位的毕业生尽快地从学校的学习向解决实际工作所遇问题的衔接与转换。部分实验内容选自于近几年国家自然科学基金研究成果，体现出内容的前沿性。实验教学的开放性包括两个方面：学生选实验项目的开放、实验时间的开放。为了更好地、全面地训练学生，达到综合化学实验的教学目标。教师指导模式发生根本改变，不再是基础实验教学那种一步一动全程跟踪的指导模式，而是采取指导研究生科研的模式。

本书由苏州大学材料与化学化工学部、南京晓庄学院化学化工学院、盐城师范学院化学化工学院联合编写。实验1～20由苏州大学负责编写，实验21～25由盐城师范学院负责编写，实验26～31由南京晓庄学院负责编写，实验32～33由苏州大学、南京晓庄学院和盐城师范学院联合编写，实验34～36由苏州大学和盐城师范学院联合编写，实验37由苏州大学和南京晓庄学院联合编写。路建美、黄志斌对编者提供的实验进行了增删和修改并负责统稿。本书涉及的知识面较多、较广，受编者水平和时间所限，难免有错漏与不妥之处，敬请各位读者批评指正。

在第一版教材不到三年的时间内，本教材被评为"江苏省高等学校精品教材"。这是对我们工作的肯定，更是鼓舞和鞭策。感谢江苏省高校实验研究会、江苏省高校化学实验教学示范中心联席会和南京大学出版社的大力支持。同时感谢为本书第一版做出过贡献的同仁以及在使用本教材时提出过中肯意见的同行。

本书的内容适合于本科化学专业、化学师范专业、药物化学专业、应用化学专业、精细化工专业和材料化学专业高年级学生的综合训练实验教学。同时也可以作为生命科学、农学、医学等专业学有余力的高年级学生的能力提高训练使用。

本书的出版使我们化学实验内容的改革又迈出了可喜的一步。通过不断实践、不断改革，还将继续推陈出新，促使实验教学的水平不断提高。本书的出版是一群甘为化学实验教学默默奉献埋头苦干的老师们集体智慧的结晶，谨向他们表示崇高的敬意和衷心的感谢。

编　者

2014 年 3 月

目　　录

实验1　配合物的分光化学序测定

一、实验目的

(1) 了解不同配体对配合物中心金属离子 d 轨道能级分裂的影响。

(2) 测定铬配合物某些配体的分光化学序。

二、实验原理

在过渡金属配合物中,由于配体场的影响,使中心离子原来能量相同的 d 轨道分裂为能级不同的两组或两组以上的不同轨道。配体的对称性不同,d 轨道的分裂形式和分裂轨道间的能量差也不同,如图 1-1。

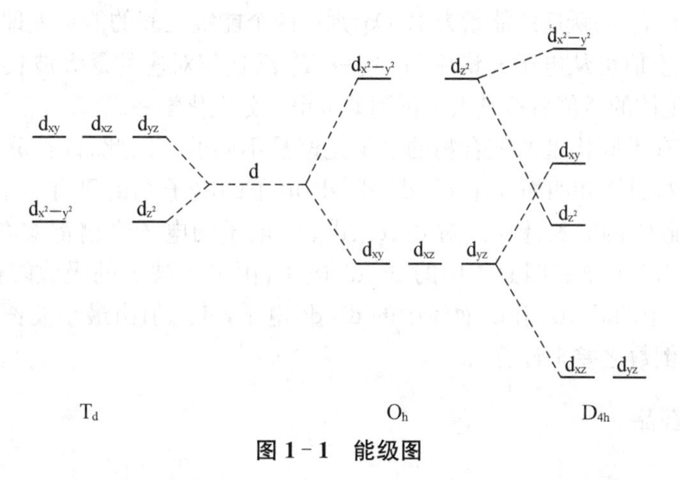

图 1-1　能级图

电子在分裂的 d 轨道间的跃迁称为 d-d 跃迁,这种 d-d 跃迁的能量,相当于可见光区的能量范围,这就是过渡金属配合物呈现颜色的原因。

分裂的最高能量的 d 轨道和最低能量的 d 轨道之间的能量差,被称为分裂能,常用△来表示。△值的大小受中心离子的电荷、周期数、d 电子数和配体性质等因素的影响。对于同一中心离子和相同构型的配合物,△值的大小取决于配体的强弱。按分裂能△值的相对大小来排列的配体顺序,称为分光化学序。

分光化学序对于研究配合物的性质有着重要的意义,利用它可以判断和比较配合物中配体场的强弱。配合物的分光化学序可以通过测定它的电子光谱,计算△值来得到。不同配体的△值各不相同,我们可通过测定配合物的电子光谱,由一定的吸收峰位置所对应的波长,按下式计算而求得。

$$\triangle = (1/\lambda) \times 10^7 (\mathrm{cm}^{-1})$$

式中:λ 为波长,单位为 nm。

以轨道能量对分裂能△作图,所得的能级图称为欧格尔(orgel)能级图,欧格尔能级图是通过量子力学计算得到的。图中纵坐标表示轨道能级，其中的字母是能级符号，当未成对电子数 n 为 1、2、3、4、5 时，其基态的能级符号分别为 ^2D、^3F、^4F、^5D、^6S，过渡金属离子在配体场影响下，d 轨道能级发生分裂，配体的对称性不同，d 轨道能级分裂的形式也不同。在八面体场中，d 轨道分裂为 t_{2g}、e_{2g} 两组能级，其中 t_{2g} 轨道能量比 e_{2g} 轨道的能量要低。在 d^1 电子的情况下，一个 d 电子先占据分裂的 t_{2g} 轨道，吸收一定波长的光后跃迁到 e_{2g} 轨道，所以出现一个 d－d 跃迁吸收峰。在 d^n 电子的情况，其能级图复杂得多，因为除了配体场的影响外，还必须考虑 d 电子之间的相互排斥作用。

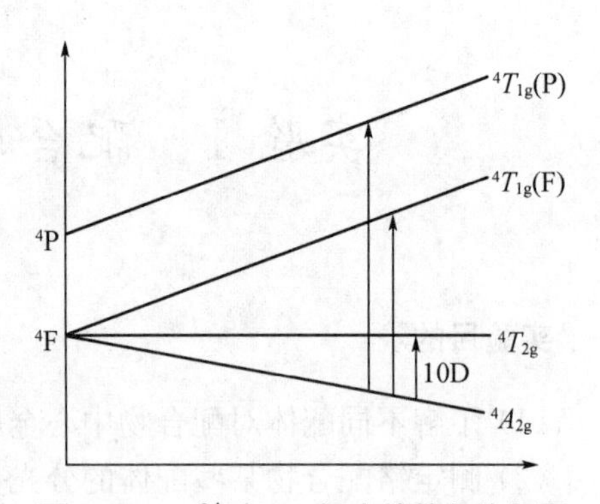

图 1－2 Cr^{3+} 在 Oh 场中的简化能级图

图 1－2 是本实验 Cr^{3+} (d^3) 的欧格尔能级图，^{4}F 是它的基态，d 电子的允许跃迁有 $^4A_{2g} \rightarrow {}^4T_{2g}$、$^4A_{2g} \rightarrow {}^4T_{1g}$(F)、$^4A_{2g} \rightarrow {}^4T_{1g}$(P)，与这三种跃迁相对应的电子光谱应有三个吸收峰。在实验测定的电子光谱中，往往只出现两个明显的吸收峰，因为第三个吸收峰被强的电荷迁移吸收峰所覆盖。其中 $^4A_{2g} \rightarrow {}^4T_{2g}$ 的跃迁的能量为 10 Dq，则这两个能级之间的能量差即为八面体配位物中的分裂能△，故△值可从电子光谱中与 $^4A_{2g} \rightarrow {}^4T_{2g}$ 跃迁相对应的最大波长的吸收峰位置求得。当测得不同配体的△值后按其大小排列即可得到分光化学序。

不同 d^n 电子和不同构型的配合物的电子光谱是不同的。因此，计算分裂能△值的方法也各不相同。在八面体和四面体中 d^1、d^4、d^6、d^9 电子的电子光谱只有一个简单的吸收峰，其△值直接由吸收峰的波长计算。对 d^2、d^3、d^7、d^8 电子的电子光谱都应有三个吸收峰，其中八面体中的 d^3、d^8 电子和四面体中的 d^2、d^7 电子，由最大波长的吸收峰位置的波长来计算△值；而八面体中的 d^2、d^7 和四面体中的 d^3、d^8 电子，其△值由最小波长吸收峰和最大波长吸收峰的波长倒数之差来计算。

三、实验仪器和药品

1. 仪器

721 分光光度计(1 台)、容量瓶(100 mL×5)、烧瓶(100 mL)、容量瓶(50 mL)、冷凝管(20 cm)、吸滤瓶(250 mL×2)、烧杯(250 mL×2)、布氏漏斗(5 cm)、烧杯(100 mL×4)、沙芯漏斗(4#)、烧杯(25 mL×2)、锥形瓶(100 mL)、烧杯(10 mL×6)、研钵(1 只)、水浴锅(1 只)、量筒(50 mL)。

2. 药品

三氯化铬、重铬酸钾、草酸钾、碱式碳酸铬、硫氰酸钾、草酸、硫酸铬钾、丙酮、甲醇、乙醇、无水乙二胺、10%过氧化氢溶液、乙酰丙酮、乙二胺四乙酸(EDTA)、苯、锌粉。

四、实验步骤

1. 配合物的合成

(1) $[Cr(en)_3]Cl_3$ 的合成

称取 6.7 g 三氯化铬溶于 13 mL 甲醇中，加入 0.25 g 锌粉，把此混合液转入到100 mL 烧瓶中，缓慢加入 10 mL 乙二胺，装上回流冷凝管，在水浴中回流 1 h。冷却，过滤，并用

10%的乙二胺-甲醇溶液洗涤黄色沉淀,最后用 10 mL 乙醇洗涤得黄色粉末状的产物$[Cr(en)_3]Cl_3$,用红外灯烘干或晾干。

(2) $K_3[Cr(C_2O_4)_3]\cdot 3H_2O$ 合成

在 50 mL 水中加热溶解 1.5 g 草酸钾和 3.5 g 草酸(注:即使草酸钾和草酸不能全部溶解也可继续进行以下实验步骤),在加热、搅拌的同时慢慢加入 1.3 g 研磨细的重铬酸钾,待反应完毕(注:草酸钾和草酸全部溶解且溶液由红棕色转变为墨绿色时可认为反应完毕)后,将溶液蒸发浓缩至液面有少量结晶膜产生,冷却使晶体析出,过滤,用丙酮洗涤,得深绿色晶体 $K_3[Cr(C_2O_4)_3]\cdot 3H_2O$,用红外灯烘干或晾干。

(3) $K_3[Cr(NCS)_6]\cdot 4H_2O$ 合成

在 50 mL 水中溶解 3 g 硫氰酸钾和 2.5 g 硫酸铬钾,加热溶液至近沸约 1 h,然后注入 50 mL 乙醇,稍冷却即有硫酸钾晶体析出,过滤除去,将滤液蒸发浓缩至液面有少量结晶膜产生,冷却,过滤,并在乙醇中重结晶,得紫红色晶体 $K_3[Cr(NCS)_6]\cdot 4H_2O$,用红外灯烘干或晾干。

(4) $[Cr-EDTA]^-$ 的合成

称取 0.5 g EDTA 溶于 50 mL 水中,加热使其全部溶解,调节溶液的 pH 在 3～5 范围内,然后加入 0.5 g 三氯化铬,稍加热得紫色的$[Cr-EDTA]^-$配合物溶液。

(5) $K[Cr(H_2O)_6](SO_4)_2$ 的合成

称取 0.5 g 硫酸铬钾溶于 100 mL 水中,即得到蓝紫色的 $K[Cr(H_2O)_6](SO_4)_2$ 溶液。

(6) $Cr(acac)_3$ 的合成

称取 2.5 g 碳酸铬放入 100 mL 锥形瓶中,然后注入 20 mL 乙酰丙酮,将锥形瓶放入 85℃的水溶液中加热,同时缓慢滴加 10%的 H_2O_2 溶液 30 mL,此时溶液呈紫红色,当反应结束(起沸停止)后,将锥形瓶置于冰盐水中冷却,过滤析出的沉淀用冷乙醇洗涤,得紫红色晶体$[Cr(acac)_3]$,用红外灯烘干或晾干。

2. 配合物电子光谱的测定

取上述(1)～(3)的配合物各 0.15 g,分别溶于少量蒸馏水中,然后转移到 100 mL 容量瓶中,并稀释到刻度。对制得的$[Cr-EDTA]^-$配合物溶液取其总体积的 1/3～1/4 转移到 100 mL 容量瓶中,并稀释到刻度。三乙酰丙酮合铬配合物不溶于水,故称取 0.04 g 溶于苯中,转移到 50 mL 容量瓶中并稀释到刻度。

在波长 360～700 nm 范围,对于(1)～(5)的配合物,以蒸馏水为空白,对于(6)的配合物,以苯为空白,用 1 cm 比色皿分别测定以上各配合物溶液的消光值,每间隔 10 nm 测定一个点。然后在长波长侧的最大吸收峰位置的±10 nm 范围内每间隔 1～2 nm 测定一个点,以提高最大吸收峰波长测定的精确度。

五、实验结果和处理

(1) 将实验结果填入表 1-1 中。

表 1-1　各配合物在不同波长的消光值

配体 / 消光值 / 波长 nm	en	$C_2O_4^{2-}$	NCS^-	EDTA	H_2O	acac

（2）以波长 λ(nm)为横坐标，消光值 E 为纵坐标作图，即得配合物的电子光谱。

（3）由电子光谱确定各配合物最大波长的吸收峰位置，并按下列计算不同配体的分裂能△。$\triangle = (1/\lambda)\times 10^{7}(cm^{-1})$，由计算所得到的△值的相对大小，排列出配体的分光化学序。

六、问题与讨论

（1）在测定配合物电子光谱时所配溶液的浓度是否要十分精确？为什么？

（2）如何解释磁体场强度对分裂能△的影响？

（3）为何不同 d 电子的配合物要以不同的吸收峰来计算它的△值？

七、参考文献

（1）王伯康，钱文浙．中级无机化学实验[M]．北京：高等教育出版社，1984.

（2）卞国庆，纪顺俊．综合化学实验[M]．苏州：苏州大学出版社，2007.

（3）苏国钧，刘恩辉．综合化学实验[M]．湘潭：湘潭大学出版社，2008.

（4）G. Pass，H. Sutcliffe. Practical Inorganic Chemistry[M]. 2nd Ed. (1974).

（5）日本化学会编．新実験化学講座(8)無機化合物の合成(Ⅲ)[M]．丸善株式会社，1975.

（6）K. F. Pucell and J. C. Kotz. Inorganic Chemistry[M]. P. 567 1977.

（7）P. J. Elving，et al，J. Am. Chem. Soc.，79，1281 (1957).

本实验按 15 学时的教学要求，教师可以相应增减内容。

实验 2　奶粉的理化指标和三聚氰胺的检测

一、实验目的

（1）了解食品检验的一般方法，学会使用化学方法对食品的监测与检验。

（2）学会使用高效液相色谱仪、原子吸收光谱等大型仪器。

（3）掌握样品预处理的方法、基本操作及食品中三聚氰胺的检测。

二、实验原理

乳与乳制品中由于含有人体容易吸收的蛋白质、脂肪、维生素和碳水化合物，是人们重要的营养来源。乳与乳制品不仅具有胶体特性，而且成分复杂，据有关资料介绍，牛乳至少由上百种物质所组成，其中最重要的成分是水分、蛋白质、脂肪、乳糖、无机盐、维生素和酶等。由于乳与乳制品在生产和加工过程中可能受到污染，因此，对乳制品中各种成分和污染物质的检验分析极为重要。本实验选择测定蛋白质、重金属铅和三聚氰胺三个指标。

蛋白质是含氮的有机化合物。乳粉样品与硫酸一同加热消化，硫酸使有机物脱水，破坏有机物，有机物中的碳和氢氧化为二氧化碳和水逸出，而蛋白质则分解成氨，与硫酸结合成硫酸铵留在酸性溶液中。在消化过程中可以通过添加硫酸钾提高温度加快有机物分解，它与硫酸反应生成硫酸氢钾，可提高反应温度，一般纯硫酸加热沸点 330℃，而添加硫酸钾后，温度可达 400℃，加速了整个反应过程。为了加速反应过程，可加入硫酸铜作为催化剂。样液中的硫酸铵在碱性条件下释放出氨，用硼酸溶液吸收后，采用滴定或分光光度法测定氨的含量，乘以换算系数即为蛋白质的含量。

在碱性溶液中用次溴酸盐将氨氧化为亚硝酸盐，在 pH＝2 的溶液中，亚硝酸根与磺胺反应生成重氮化物，再与萘乙二胺反应生成偶氮染料，呈紫红色，最大吸收波长为 543 nm，其摩尔吸收系数为 5×10^{4}，浓度在 $0.1\ mg\cdot L^{-1}$以内符合比尔定律。

三聚氰胺不是食品原料，也不是食品添加剂。三聚氰胺作为化工原料可用于塑料、涂料、黏合剂、食品包装材料的生产。资料表明，三聚氰胺可从环境、食品包装等途径进入到食品中。人和动物长期摄入三聚氰胺会造成生殖、泌尿系统的损害，膀胱、肾部易结石，并可进一步诱发膀胱癌。为确保人体健康，确保乳与乳制品质量安全，三聚氰胺在乳与乳制品中的含量采用管理限量值，如液态奶（包括原料乳）、奶粉、其他配方乳粉中三聚氰胺的限量值为 $2.5\ mg\cdot kg^{-1}$，高于 $2.5\ mg\cdot kg^{-1}$的产品一律不得销售。

三、实验仪器与药品

1. 仪器

凯氏定氨装置、分光光度计、原子吸收分光光度计、阳极溶出伏安仪、微波消解仪、高效液相色谱仪（配有紫外检测器或二极管阵列检测器）、离心机、超声波水浴、固相萃取装置、涡旋混合仪等。

2. 药品

浓硫酸、硫酸钾、硫酸铜、40% NaOH、4% H_3BO_3、HCl、甲基红-次甲基蓝混合指示剂、磺胺溶液(1.0%)、KBr－$KBrO_3$ 溶液、次溴酸盐溶液、氨态氮标准溶液、硝酸、双氧水、标准铅溶液、氨水、硫酸铵溶液(300 g・L^{-1})、柠檬酸铵溶液(250 g・L^{-1})、溴百里酚蓝水溶液(1 g・L^{-1})、二乙基二硫代甲酸钠(DDTC)溶液(50 g・L^{-1})、4－甲基戊酮－2(MIBK)、甲醇、乙腈、三氯乙酸、柠檬酸、辛烷磺酸钠、三聚氰胺。

四、实验步骤

1. 蛋白质的测定

(1) 特殊溶液的配置

① 甲基红-次甲基蓝混合指示剂:将 0.2%甲基红酒精溶液与 0.1%次甲基蓝水溶液等量混合。

② 磺胺溶液(1.0%):称取 1 g 磺胺,溶于 0.1 L 稀 HCl 溶液(1.0 mol・L^{-1})中,转入棕色细口瓶中存放,在冰箱中冷藏可稳定 1 个月。

③ KBr－$KBrO_3$ 溶液:称取 1.4 g $KBrO_3$ 和 10 g KBr,溶于 500 mL 无氨的水中,转入棕色细口瓶中保存,在冰箱中冷藏可稳定半年。

④ 次溴酸盐溶液:量取 20 mL KBr－$KBrO_3$ 溶液置于棕色细口瓶中,加入 450 mL 无氨的水和 30 mL HCl 溶液(1∶1),立即盖好瓶盖,摇匀,放置 5 min,再加入 500 mL NaOH 溶液(10 mol・L^{-1}),放置 30 min 后即可使用,此溶液 10 h 内有效。

⑤ 氨态氮标准溶液:储备液(0.200 mg・mL^{-1}):称取 0.382 g NH_4Cl(已在 105℃干燥 2 h),用无氨的水溶解后定容于 500 mL 容量瓶内。

(2) 样品处理

① 准确称取奶粉样品 0.5 g 置于消解瓶内,加入 5 g K_2SO_4、0.4 g $CuSO_4\cdot 5H_2O$ 及 15 mL浓 H_2SO_4,再放入几粒玻璃珠。缓慢加热,尽量减少泡沫产生,防止溶液外溅,使样品全部浸于 H_2SO_4 溶液内。待泡沫消失后再加大火力至溶液澄清,继续加热约 1 h,然后冷却至室温。沿瓶壁加入 50 mL 水溶解盐类,冷却定量转移至 100 mL 容量瓶中,用水稀释至标线,摇匀。

② 按照图 2－1 装好凯氏定氨装置。向蒸汽发生瓶的水中加入数滴甲基红指示剂、几滴 H_2SO_4 及数粒沸石,在整个蒸馏过程中需保持此溶液为橙红色,否则应补充 H_2SO_4。接收液是 20 mL H_3BO_3 溶液,其中加入 2 滴混合指示剂,接收时要使冷凝管下口浸入吸收液的液面下。

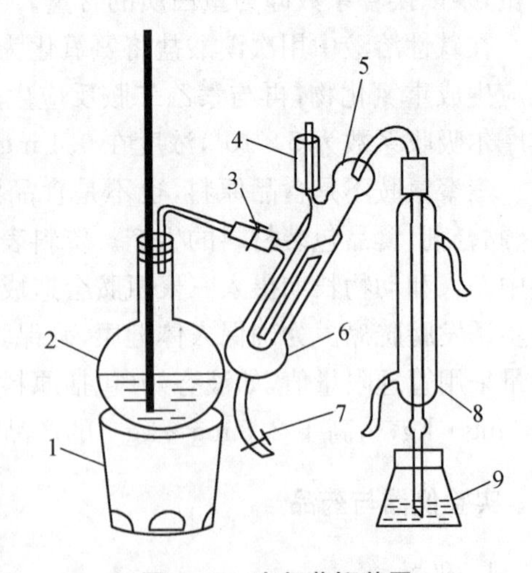

图 2－1 定氮蒸馏装置

1. 电炉 2. 烧瓶 3. 螺旋夹 4. 橡皮管 5. 反应室 6. 外层 7. 橡皮管及夹子 8. 冷凝管 9. 蒸馏液接收瓶

③ 移取 25.00 mL 样品消化液,从进样口注入反应室内,用少量水冲洗进样口,然后加入

30 mL NaOH 溶液，立即盖严塞子，以防止 NH_3 逸出。从开始回流计时，蒸馏 4 min，移动冷凝管下口使其脱离接收液，再蒸馏 1 min，用水洗冷凝管下口，洗液流入接收液内。

(3) 蛋白质含量的测定

① 酸碱滴定法

以甲基红-次甲基蓝作为混合指示剂，用浓度约 0.05 mol·L^{-1} 的标准 HCl 溶液滴定接收液至变成暗红色为终点。以相同的操作做一次空白实验，根据氮换算为蛋白质的系数 F，计算奶粉中蛋白质的含量。

F-氮转化为蛋白质的系数，乳制品为 6.38，一般食品为 6.25。

② 分光光度法测接收液中的氨

氨态氮校准曲线的制作：洗净 7 只 100 mL 容量瓶，分别加入 0、0、1.00 mL、2.00 mL、3.00 mL、4.00 mL、5.00 mL 氨态氮标准溶液（工作液），用无氨的水稀释至 10 mL，各加入 2.0 mL 次溴酸盐溶液，混匀后放置 30 min。各加 1.0 mL 磺胺溶液及 1.5 mL HCl 溶液，混匀后放置 5 min。各加 1.0 mL 萘乙二胺溶液，加水至标线，摇匀后放置 15 min。以水为参比，在 540 nm 波长处测定各溶液的吸光度。然后算出两份空白溶液吸光度的平均值，从各标准溶液的吸光度中扣除空白，绘制校准曲线或求出回归直线方程。

接收液的测定：将接收液定量转移到 100 mL 容量瓶中，定容。移取刚配好的溶液 1.00 mL 至 100 mL 容量瓶中，用上述方法显色并测定，用工作曲线法计算接收液中氮的含量和奶粉中蛋白质的含量。

2. 重金属元素铅的测定

铅是一种典型的有毒重金属元素。经口摄入过量的铅可发生中毒，若通过各种途径长期摄入铅则可引起铅的慢性中毒，症状主要有神经衰弱症，中毒性多发性神经炎和中毒性脑病等。因此，必须对食品中的铅含量进行控制。

溶液中痕量铅离子的测定可采用原子吸收法和阳极溶出伏安法。试样经酸消解后，铅离子在一定 pH 条件下与二乙基二硫代甲酸钠(DDTC)形成配合物，经 4-甲基戊酮-2(MIBK)萃取分离，导入原子吸收光谱仪，火焰原子化后，吸收 283.3 nm 共振线，采用标准曲线法测定其含量。

阳极溶出伏安法测定时，影响峰电流大小的主要因素有：预富集电位及时间，溶液搅拌速度，电极面积，电解富集后放置时间，溶出的电位扫描速度等，因此实验中必须严格控制实验条件。用标准加入法计算出铅离子的含量。

(1) 样品处理

① 直接消解法

称取乳粉样品 1～5 g 于 50 mL 消解瓶中，加浓硫酸 3 mL、浓硝酸 5 mL、在通风橱中，先用小火加热，待剧烈作用停止后，加大火并不断滴加浓硝酸直至溶液透明不再转黑为止。每当消化溶液颜色变深时，立即添加硝酸，否则难以消化完全。待溶液不再转黑后，继续加热数分钟至有浓白烟逸出，冷却，加入 5 mL 水，继续加热至显白烟为止，冷却。将内容物移入 50 mL 容量瓶中，并以水稀释至刻度，摇匀，备用。

② 微波消解法

称取乳粉样品 0.5 g 于微波消解杯中，加 10 mL HNO_3 进行预消化（反应 30 min 或采用超声波辅助消化），然后补加 2 mL 浓 HNO_3 和 1 mL 30% H_2O_2，最后进行微波消解，参数为:3 atm, 5 atm, 7 atm, 10 atm, 12 atm,15 atm, 17 atm, 20 atm,其中第一步和最后一步为5 min,其余各步为 2 min。将内容物取出并定容至一定体积。

微波消解杯的清洗:以参数 3 atm, 5 atm 各清洗 3 min。

(2) 铅含量的测定

① 火焰原子吸收法测定

视试样情况,吸取 25.0～50.0 mL 上述样液及试剂空白液,分别置于 125 mL 分液漏斗中,补加水至 60 mL,加 2 mL 柠檬酸铵溶液,溴百里酚蓝指示剂 3～5 滴,用氨水(1∶1)调 pH 至溶液由黄变蓝,加硫酸铵溶液 10.0 mL,DDTC 溶液 10.0 mL,摇匀。放置 5 min 左右,加入 10.0 mL MIBK,剧烈振摇 1 min,静置分层后,弃去水层,将 MIBK 层放入带塞管中,用火焰原子吸收法测定。

工作曲线的绘制:分别吸取 10 $\mu g \cdot mL^{-1}$ 铅标准溶液 0.00, 0.25 mL, 0.50 mL, 1.00 mL, 1.50 mL, 2.00 mL 于 125 mL 分液漏斗中,按样品方式处理,然后进行测定,绘制工作曲线,计算样品中铅的含量。

② 阳极溶出法测定

吸取 1 mL(可根据实际情况调整体积)上述样液及试剂空白液,加入 0.1 $mol \cdot L^{-1}$ HCl 溶液 20 mL,将汞膜电极,铂电极和甘汞电极插入溶液中,调节好仪器,开始通氮气,开动搅拌器,在−0.9 V 处富集 3 min(可自行调整),停止搅拌,静止 30 s,在氮气保护气氛中扫描溶出,扫描电位为−0.9～−0.1 V,记录阳极溶出伏安图。清洗电极:在−0.1 V 处电解清洗1 min。

将一定体积的标准铅溶液加入至电解池中,按上述步骤记录阳极溶出伏安图。重复上述步骤,用标准加入法计算溶液中铅的浓度。

3. 三聚氰胺的检测

试样用三氯乙酸溶液-乙腈提取,经阳离子交换固相萃取柱净化后,用高效液相色谱(HPLC)测定,外标法定量。

离子对试剂缓冲液:准确称取 2.10 g 柠檬酸和 2.16 g 辛烷磺酸钠,加入约 100 mL 水溶解,调节 pH 至 3.0 后,定容至 1 L 备用。

三聚氰胺标准储备液:准确称取 100 mg(精确至 0.1 mg)三聚氰胺标准品,用甲醇水溶液(1∶1)溶解,至 100 mL 容量瓶中,定容至刻度,配制成浓度为 1 $mg \cdot mL^{-1}$ 的标准储备液,于 4℃避光保存。

阳离子交换固相萃取柱:混合型阳离子交换固相萃取柱,基质为苯磺酸化的聚苯乙烯-二乙烯基苯高聚物(60 mg,3 mL,或相当者)。使用前依次用 3 mL 甲醇、5 mL 水活化。

微孔滤膜:0.2 μm,有机相。

(1) 样品处理

称取 2 g(精确至 0.01 g)试样于 50 mL 具塞塑料离心管中,加入 15 mL 1%的三氯乙酸溶液和 5 mL 乙腈,超声提取 10 min,再振荡提取 10 min 后,以不低于 4 000 $r \cdot min^{-1}$ 离心 10 min。上层清液经 1%三氯乙酸溶液润湿的滤纸过滤后,用 1%三氯乙酸溶液定容至 25 mL。

移取 5 mL 溶液,加 5 mL 水混匀,转移至固相萃取柱,依次用 3 mL 水和 3 mL 甲醇洗涤,抽至近干后,用 6 mL 5%氨化甲醇溶液(5 mL 氨水+95 mL 甲醇)洗脱。整个固相萃取过程流速不超过 1 mL·min^{-1}。洗脱液于 50℃下用氮气吹干，残留物（相当于 0.4 g 样品）用 1 mL 流动相定容，涡旋混合 1 min，过微孔过滤膜，供 HPLC 测定。

（2）HPLC 法测定

① 参考条件：色谱柱：C18 柱，250 mm×4.6 mm（i.d.），5 μm，或相当者。流动相：离子对试剂缓冲液——乙腈（90∶10，V/V），混匀。流速：1.0 mL·min^{-1}。柱温：40℃。波长：240 nm。进样量：20 μL。

② 测定：用流动相将三聚氰胺标准溶液逐级稀释后进样，以峰面积-浓度做工作曲线，待测液中三聚氰胺的响应值应在标准曲线的线性范围之内，计算样品中三聚氰胺的含量。

五、问题与思考

（1）样品中水分的测定有哪些方法？适用于什么类型的样品测定。

（2）试比较上述两方法的测定结果，哪种方法比较适用于奶粉中蛋白质的测定？哪种方法的测量准确度高？哪种方法的测量灵敏度高？试述理由。

六、参考文献

（1）卞国庆，纪顺俊. 综合化学实验[M]. 苏州：苏州大学出版社，2007.

（2）GB/T 5009.5－2003 食品中蛋白质的测定.

（3）GB/T 5009.12－2003 食品中铅的测定.

（4）GB/T 22388－2008 原料乳与乳制品中三聚氰胺检测方法.

本实验按 15 学时的教学要求，教师可以相应增减内容。

实验3　葡萄酒的理化分析

一、实验目的

(1) 掌握金属离子的测定原理和方法；

(2) 掌握果酒、果汁中有机物的多种测定方法；

(3) 掌握一些常用的样品前处理方法；

(4) 通过葡萄酒的一些理化指标的分析，培养学生对实际样品的综合分析和测试能力。

二、实验原理

葡萄酒是用葡萄果实经过发酵酿制而成的酒精饮料。在水果中，由于葡萄的葡萄糖含量较高，贮存一段时间就会发出酒味，因此常常以葡萄酿酒。葡萄酒是目前世界上产量最大、普及最广的单糖酿造酒。红葡萄酒由于色泽喜庆，更是人们喜欢的葡萄酒之一。例如，葡萄酒含有糖、醇类、有机酸、无机盐、维生素等营养物质，对人体发育有不同的补益；葡萄皮中含有白藜芦醇，其抗癌性能在数百种人类常食的植物中最好。这种成分可以防止正常细胞癌变，并能抑制癌细胞的扩散。红葡萄酒正是由葡萄全果酿制的，故是预防癌症的佳品。

食品安全是关系着人民群众的身体健康和生命安全、经济健康发展、国家安定和社会发展与稳定的重大问题。国家标准规定了葡萄酒的一些理化指标等要求。本实验通过对葡萄酒中一些重要成分如甲醇、重金属、防腐剂、抗坏血酸、白藜芦醇等的分析，使学生掌握多种仪器分析方法，并培养学生的综合实验技能和创新思维能力。

在国家标准中，葡萄酒的部分理化指标要求如下：铁(以 Fe 计)$\leqslant$8.0 mg/L，铜(以 Cu 计)$\leqslant$ 0.5 mg/L，铅(以 Pb 计)$\leqslant$0.2 mg/L，山梨酸$\leqslant$0.2 g/kg，苯甲酸$\leqslant$1 mg/kg 等。

三、金属元素含量的测定

1. 原子吸收分光光度法测定铁

将处理后的试样用原子吸收分光光度法测定，在乙炔-空气火焰中，试样中的铁被原子化，铁的吸收特征波长为 248.3 nm。

(1) 试剂和材料

硝酸溶液(0.5%)：量取 8 mL 硝酸，稀释至 1 000 mL。

铁标准贮备液：10 μg/mL。

(2) 仪器

原子吸收分光光度计，备有铁空心阴极灯。

(3) 试样的制备

用 0.5%硝酸溶液稀释样品 5～10 倍，摇匀，备用。

(4) 分析测定

用工作曲线法测定铁。

2. 分光光度法测定铁

样品经处理后,试样中的三价铁在酸性条件下被盐酸羟胺还原成二价铁,并与邻菲啰啉作用生成红色螯合物,用分光光度法测定。

(1) 试剂和材料

浓硫酸、过氧化氢、氨水、盐酸羟氨溶液(100 g/L)、邻菲啰啉溶液(2 g/L)、铁标准贮备液(10 μg/mL)、乙酸-乙酸钠溶液(pH=4.8)。

(2) 仪器

分光光度计、高温电炉(550℃)、瓷蒸发皿(100 mL)。

(3) 试样的制备

① 干法消化:准确吸取 25.00 mL 样品于蒸发皿中,在水浴上蒸干,置于电炉上小心炭化,然后移入 550℃±25℃高温电炉中灼烧,灰化至残渣呈白色,取出,加入 10 mL 盐酸溶液溶解,在水浴上蒸至约 2 mL,再加入 5 mL 水,加热煮沸后,移入 50 mL 容量瓶中,洗涤蒸发皿,加水至刻度。同时做空白试验。

② 湿法消化:准确吸取 1.00 mL 样品(可增删)于 10 mL 凯氏烧瓶中,置电炉上缓缓蒸发至近干,取下稍冷后,加 1 mL 浓硫酸(可增减)、1 mL 过氧化氢,于通风橱内加热消化。如消化液颜色较深,继续滴加过氧化氢溶液,直至消化液无色透明。稍冷,加 10 mL 水微微煮沸 3~5 min,取下冷却。同时做空白试验。

(4) 工作曲线绘制

吸铁标准溶液 0.00, 0.20 mL, 0.40 mL, 0.80 mL, 0.12 mL, 0.16 mL 于 25 mL 容量瓶中,加约 10 mL 水,加 5 mL 乙酸-乙酸钠溶液(调至 pH 3~5)、1 mL 盐酸羟氨溶液,摇匀,放置 5 min,再加入 1 mL 邻菲啰啉溶液,加水至刻度,摇匀,显色 30 min。在 480 nm 波长下,测定吸光度,绘制工作曲线。

(5) 试样测定

准确吸取试样 5~10 mL,同样操作,测定溶液吸光度。计算铁的含量。

3. ICP-AES 法测定金属元素含量

原子发射光谱法(AES)是较早建立和发展起来的仪器分析方法。ICP-AES 法具有化学干扰少、稳定性好、动态范围大和可多元素同时测定的优点,是一种最有前途的常规分析工具之一。

(1) 试剂和材料

硝酸溶液(0.5%):量取 8 mL 硝酸,稀释至 1 000 mL。

铁标准贮备液:10 μg/mL。

(2) 仪器

ICP-AES 仪。

(3) 试样准备

参考原子吸收法。

(4) 样品测定

工作曲线法测定铁、铜、铅等元素。

四、甲醇的测定(气相色谱法)

气相色谱法分离,采用氢火焰离子化检测器,根据保留时间定性,内标法峰面积定量。

1. 试剂和材料

乙醇溶液(10%体积分数),色谱纯;甲醇溶液(2%体积分数,用乙醇溶液配制);4-甲基-2-戊醇内标溶液(2%体积分数,用乙醇溶液配制)。

2. 仪器和设备

气相色谱仪,备氢火焰离子化检测器(FID)。

毛细管柱:PEG20M 毛细管柱或同等分析效果的色谱柱。

色谱参考条件:

氮气流速:1.0 mL/min,分流比约 50∶1,尾吹约 20 mL /min;

氢气流速:40 mL/min;

空气流速:400 mL/min;

检测器温度:220℃;

柱温:起始温度 40℃,恒温 4 min,以 3.5℃/min 程序升温至 200℃,继续恒温 10 min。

3. 校正因子的测定

吸取甲醇溶液 1.00 mL,移入 100 mL 容量瓶中,然后加入 4-甲基-2-戊醇溶液 1.00 mL,用乙醇溶液稀释至刻度,此时甲醇和内标溶液的浓度为 0.02%(体积分数)。测定并计算相对校正因子。

4. 试样的制备

用一洁净、干燥的 100 mL 容量瓶准确量取 100 mL(液温 20℃)于 500 mL 蒸馏瓶中,用 50 mL 水分三次冲洗容量瓶,洗液并入蒸馏瓶中,加几颗玻璃珠,连接冷凝器,以取样用的原容量瓶作为接收器(外加冰浴)。收集馏出液接近刻度,取下容量瓶,加水至刻度。

5. 分析步骤

吸取上述试样 10.0 mL 于 10 mL 容量瓶中,加入 0.10 mL 4-甲基-2-戊醇溶液,混匀后,测定,并计算酒中甲醇的含量。

五、防腐剂苯甲酸、山梨酸的测定

1. 气相色谱法

试样酸化后,用乙醚提取山梨酸、苯甲酸,用气相色谱法(FID 检测器)进行分析。

(1) 试剂和材料

乙醚、石油醚(沸程 30～50℃)、盐酸、无水硫酸钠。

山梨酸和苯甲酸标准液:用石油醚-乙醚(3∶1)混合溶剂配制。

(2) 仪器

气相色谱仪、备氢火焰离子化检测器(FID)。

(3) 试样制备

取 5.00 mL 试样于锥形瓶中,加 0.5 mL 盐酸(1∶1)酸化,用 15 mL、10 mL 乙醚提取 2 次,每次振摇 1 min,合并上层乙醚层。用 3mL 氯化钠酸性溶液(40 g/L NaCl 加入少量 1∶1 盐酸酸化)洗涤两次,静止 15 min,通过无水硫酸钠滤入 25 mL 容量瓶中。加乙醚至刻度。准确吸取5 mL乙醚提取液于带塞小试管中，置40℃水浴上蒸干，加2 mL石油醚-乙醚(3∶1)混合溶剂溶解残渣，备用。

(4) 色谱条件

色谱柱：玻璃柱，5% DEGS+1%磷酸固定液的60～80目Chromosorb W AW或相当柱；

进样温度：230℃；

检测器：230℃；

柱温：170℃。

(5) 测定

标准曲线法定量。

2. 高效液相色谱法

(1) 试剂和材料

甲醇(色谱纯)、乙酸铵溶液(1.54 g乙酸铵加水溶解，稀释至1 000 mL，经微孔滤膜过滤)、亚铁氰化钾(106 g亚铁氰化钾[$K_4Fe(CN)_6 \cdot 3H_2O$]溶于水，稀释至1 000 mL)、乙酸锌溶液(220 g乙酸锌[$Zn(CH_3COO)_2 \cdot 2H_2O$]溶于水，加入30 mL冰乙酸，加水稀释至1 000 mL)，氨水(1∶1)、正己烷、乙酸-乙酸钠缓冲溶液(pH 4.4)，磷酸缓冲溶液(pH 7.2)。

苯甲酸和山梨酸标准溶液：1 mg/mL。

(2) 仪器与设备

HPLC、紫外检测器。

(3) 样品处理

取10.00 mL样品并水浴加热除去乙醇后于25 mL容量瓶中，用氨水调节至pH近中性，用水定容至刻度，经微孔滤膜过滤。

(4) 色谱条件

色谱柱：C18柱；

流动相：甲醇-乙酸铵溶液(5∶95)；

流速：1 mL/min；

检测波长：230 nm；

进样量：10 μL。

(5) 测定

外标法定量。

六、HPLC法测定藜芦醇

样品中藜芦醇经乙酸乙酯提取，以Cle-4型柱净化，然后用HPLC法测定。

1. 试剂和材料

无水乙醇、95%乙醇、乙酸乙酯、甲苯、氯化钠、乙腈。

反式白藜芦醇(1.0 mg/mL)甲醇溶液，存放于冰箱中。

顺式白藜芦醇：将反式白藜芦醇储备液在254 nm波长下照射30 min，然后按本法测定反式白藜芦醇含量。

2. 仪器

带紫外检测器的 HPLC、旋转蒸发仪、Cle－4 型柱净化(1.0 g/5 mL)。

3. 试样的制备

取20.0 mL 葡萄酒,加 2.0 g 氯化钠溶解后,加 20.0 mL 乙酸乙酯振荡萃取,分出有机相,用无水硫酸钠过滤 2 次,在 50℃水浴中真空蒸发,氮气吹干。加 2.0 mL 无水乙醇溶解剩余物,移到试管中。

用 5 mL 乙酸乙酯淋洗 Cle－4 型柱净化,然后加样 2 mL,接着用 5 mL 乙酸乙酯淋洗除杂,然后用 10 mL 95％乙醇洗脱收集,氮气吹干,加 5 mL 流动相溶解。

4. 色谱条件

色谱柱:ODS－C18 柱;

流动相:乙腈＋水(3∶7);

流速:1.0 mL/mL;

检测波长:306 nm;

进样量:20 μL。

5. 测定与计算

外标法定量。

七、维生素 C 的测定

通过查询文献及标准,写出实验计划或设计一个实验方案来测定葡萄酒中的维生素 C 的含量。

八、问题与思考

(1) 痕量金属离子的测定常用哪些方法?这些方法各自具有什么特点?

(2) 在用毛细管气相色谱法测定甲醇的含量时,还可同时用于样品中哪些物质的测定?

(3) 国际上通行的食品分析方式为快速分析与实验室确认相结合,如要对葡萄酒(汁)中的有机农药进行监测,可采用哪些快速分析法和实验室大型仪器法进行检测?

九、主要参考文献

(1) GB 15037－2006　葡萄酒,中华人民共和国国家标准.

(2) GB/T 15038－2006　葡萄酒、果酒通用分析方法,中华人民共和国国家标准.

(3) GB/T 5009.29－2003　食品中山梨酸、苯甲酸的测定,中华人民共和国国家标准.

(4) GB/T23495－2009　食品中苯甲酸、山梨酸和糖精钠的测定,高效液相色谱法,中华人民共和国国家标准.

本实验按 60 学时的教学要求,教师可以相应增减内容。

实验 4　安息香的氧化及二苯基乙醇酸重排

一、实验目的

(1) 以安全的生物辅酶替代剧毒的氰化物实现安息香缩合。

(2) 掌握即时跟踪有机反应的方法及监测手段。

二、实验原理

有许多方法可以将安息香氧化成二苯基乙二酮，其中用硝酸氧化法较为简便。

简单的薄层层析法虽然不能准确地说明反应混合物中各组分的含量，但是它却可以方便而清晰地告诉我们氧化反应的进程。

在反应过程中，通过不断取样进行分析来监测反应的进程有着实际应用的意义。如果反应进行而不加以监测，为了保证完全反应，往往采取加长反应时间的办法，这不仅浪费了时间和能源，而且已经得到的产物往往还会进一步发生变化，使收率和产品纯度都降低。

二苯基乙二酮是一个不能烯醇化的 α-二酮，当用碱处理时发生了碳架的重排，得到二苯基乙醇酸。由于二苯基乙醇酸是这种类型重排中最早一个实例的产物，故此种类型的重排亦称为二苯基乙醇酸重排。此反应是由羟基负离子向二苯基乙二酮分子中的一个羰基加成，形成活性中间体而开始的。此时另一个羰基则是亲电中心，苯基带着一对电子进行转移重排，而反应的动力是生成的羟基负离子具有较高的稳定性。

三、仪器及药品

1. 仪器

磁力搅拌器、变压器、循环水泵、紫外灯、三颈烧瓶、冷凝管、温度计、圆底烧瓶、烧杯。

2. 药品

维生素 B_1、氢氧化钠、苯甲醛、安息香、二苯基乙二酮、甲苯、二氯甲烷、冰醋酸、浓硝酸(70%)、甲醇、95%乙醇、氢氧化钾、活性炭、浓盐酸、冰。

四、实验步骤

1. 辅酶催化合成安息香

在 100 mL 磨口锥形瓶内加入 3.5 g (0.01 mol) 维生素 B_1 和 10 mL 水，再加入 30 mL 95%乙醇，搅拌均匀。边搅拌边慢慢加入 4 mL 3 mol · L^{-1} 氢氧化钠。随碱液加入溶液的颜色呈淡黄色并逐渐加深。

量取 20 mL (20.8 g, 0.196 mol) 苯甲醛，倒入反应混合物中，搅拌均匀，继续加入氢氧化钠溶液，调节酸度至 pH 为 8～9 之间。塞住瓶口，室温搅拌放置 48 h，期间经常调节酸度，保持 pH 为 8～9 之间。反应混合物中渐有白色晶体析出。抽滤，固体依次用 10 mL 冷水和 5 mL 95%乙醇洗涤，红外灯烘干。产品熔点 132℃～134℃，产率 60%～70%。

2. 安息香的氧化

首先分别用安息香和二苯基乙二酮的标准样品的丙酮溶液在薄层板上点样，用二氯甲烷展开，于 254 nm 紫外灯下观察，测出两个点的 R_f 值。反应式为：

$$C_6H_5-\overset{\overset{\displaystyle O}{\|}}{C}-\overset{\overset{\displaystyle OH}{|}}{C}H-C_6H_5 \xrightarrow[CH_3COOH]{HNO_3} C_6H_5-\overset{\overset{\displaystyle O}{\|}}{C}-\overset{\overset{\displaystyle O}{\|}}{C}-C_6H_5$$

在 100 mL 三颈烧瓶上装上回流冷凝管和温度计，另一颈上用标准磨口塞塞紧。将 3 g 粗安息香和 15 mL 冰醋酸及 7.5 mL 浓硝酸(70%，相对密度 1.42)混合均匀。将此反应混合物加热至 100℃～110℃。反应过程中每隔 30 min 取出一滴反应液，加入 1 mL 水并以 2%NaOH 溶液中和，再加入 10 滴甲苯振荡。静置，取上层甲苯液在薄层板上点样，用二氯甲烷展开，于 254 nm 紫外灯下观察，判断安息香是否已完全转化为二苯基乙二酮。

当安息香已全部(或接近全部)转化为二苯基乙二酮后，将反应液冷却并加入 60 mL 水和 60 g 冰的混合物，此时有黄色的二苯基乙二酮结晶出现。抽滤，并用少量冰水洗涤结晶固体，干燥后计算产率。粗产品用甲醇重结晶，测定纯品的熔点。

3. 二苯基乙醇酸重排

在 50 mL 圆底烧瓶中加入 8.5 mL 95%乙醇和 2.8 g 二苯基乙二酮，不断摇动使固体物完全溶解。同时，在另一三角烧瓶中将 3 g KOH 溶于 6 mL 水中，在振摇下将此水溶液加入圆底烧瓶中。装上回流冷凝管，在水浴上回流 15 min，此期间反应液由最初的黑色转化为棕色。最后将反应液转移到烧杯中，盖上表面皿放置过夜，可见有二苯基乙醇酸钾盐结晶，抽滤并用 1 mL 95%乙醇洗涤所得固体。反应式为：

$$Ph-\overset{\overset{\displaystyle O}{\|}}{C}-\overset{\overset{\displaystyle O}{\|}}{C}-Ph \xrightleftharpoons{1.\ KOH} Ph-\overset{\overset{\displaystyle O}{\|}}{C}-\underset{\underset{\displaystyle Ph}{|}}{\overset{\overset{\displaystyle O^-}{|}}{C}}-OH \longrightarrow Ph-\underset{\underset{\displaystyle Ph}{|}}{\overset{\overset{\displaystyle K^+O^-}{|}}{C}}-\overset{\overset{\displaystyle O}{\|}}{C}-OH$$

$$\longrightarrow Ph-\underset{\underset{\displaystyle Ph}{|}}{\overset{\overset{\displaystyle OH}{|}}{C}}-\overset{\overset{\displaystyle O}{\|}}{C}-O^-K^+ \xrightarrow{2.\ H_2O} Ph-\underset{\underset{\displaystyle Ph}{|}}{\overset{\overset{\displaystyle OH}{|}}{C}}-\overset{\overset{\displaystyle O}{\|}}{C}-OH$$

将所得到的二苯基乙醇酸钾盐溶于尽量少的热水中，加活性炭脱色并趁热过滤，滤液用浓盐酸酸化至 pH=2。当此反应混合物冷到室温后，用冰浴冷却，抽滤。所得晶体用冰水充分洗涤，通过抽气将大部分水分除尽，然后在空气中干燥。产物称重计算产率并测定熔点。

六、问题与讨论

试从结构特点出发，推测原料与产物的 R_f 值。

七、参考文献

(1) 卞国庆，纪顺俊. 综合化学实验[M]. 苏州：苏州大学出版社，2007.

(2) Pavia, Introduction to Organic Laboratory Techniques[M], P. 303, W. B. Saunders Company, Philadelphia, 1976.

(3) Organic Synthesis, Coll. I. P. 87；中文译本：有机合成. 第一集. p68.

(4) 吴世晖,周景尧,林子森等. 中级有机化学实验[M]. 北京：高等教育出版社,2000.

本实验按 20 学时的教学要求,教师可以相应增减内容。

实验5　界面缩聚法制备尼龙-66

一、实验目的

(1) 掌握以己二胺与己二酰氯进行界面缩聚方法制备尼龙-66的方法。

(2) 了解缩聚反应的原理。

二、实验原理

缩聚反应通常是逐步进行的,生成聚合物的相对分子质量随反应程度的增加而逐步增大。例如二元胺/二元酸的缩聚反应通常在200℃以上的温度下慢慢进行,经过大约5～15 h后才可获得高分子量的聚酰胺。

界面缩聚是缩聚反应的特殊实施方式:将两种单体分别溶解于互不相溶的两种溶剂中,然后将两种溶液混合,聚合反应只发生在两相溶液的界面。界面聚合要求单体有很高的反应活性,例如用己二胺与己二酰氯制备尼龙-66是实验室常用的方法,其反应特征为:己二胺的水溶液为水相(上层),己二酰氯的四氯化碳溶液为有机相(下层);两者混合时,由于氨基与酰氯的反应速率常数很大,在相界面上马上就可以生成聚合物的薄膜,反应式为:

$$n\,\underset{\text{己二酰氯}}{ClOC(CH_2)_4COCl} + n\,\underset{\text{己二胺}}{H_2N(CH_2)_6NH_2} \xrightarrow{NaOH} \underset{\text{聚酰胺}}{-\!\!\left[CO(CH_2)_4CONH(CH_2)_6NH\right]\!\!-_n}$$

界面缩聚有下列优点:① 设备简单,操作容易;② 制备高相对分子质量的聚合物常常不需要严格的等当量比;③ 常温聚合,不需要加热;④ 反应快速;⑤ 可连续性获得聚合物。

界面缩聚方法已经应用于很多聚合物的合成,例如:聚酰胺,聚碳酸酯及聚氨基甲酸酯等。这种聚合方法也有缺点:二元酰氯单体的成本高,需要使用和回收大量溶剂等。

三、实验仪器及药品

1. 仪器

圆底烧瓶(50 mL×2)、回流冷凝管、氯化钙干燥管、油浴装置、蒸馏装置、氯化氢气体吸收装置、烧杯(250 mL×2)、玻璃棒、铁架。

2. 药品

己二酸、二氯亚砜、己二胺、己二酰氯、水、四氯化碳、氢氧化钠、盐酸。

四、实验步骤

1. 己二酰氯的合成

在装有回流冷凝管的50 mL圆底烧瓶内(回流冷凝管上方装有氯化钙干燥管,后接有氯化氢吸收装置,见图5-1),加入10 g己二酸和20 mL二氯亚砜,并加入两滴二甲基甲酰胺，即有大量气体生成，加热回流反应 2 h 左右，直至没有氯化氢气体放出。

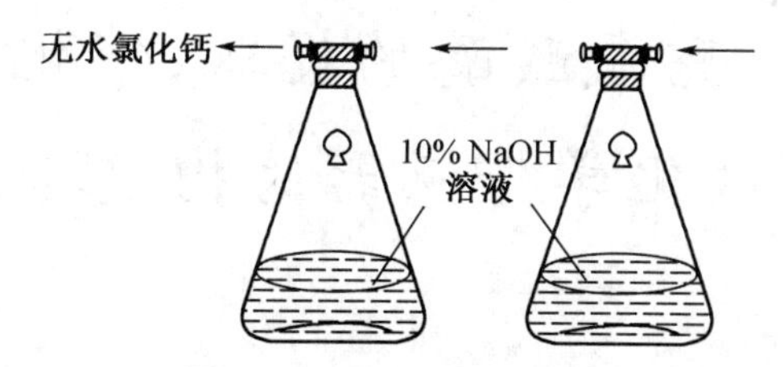

图 5-1　氯化氢吸收装置

将回流装置改为蒸馏装置，首先在常压下利用温水浴，将过剩的二氯亚砜蒸馏出。

为完全去除二氯亚砜，将水浴再改换成油浴(60～80℃)，真空减压蒸馏至无二氯亚砜馏分析出为止。

再继续进行减压蒸馏，将己二酰氯蒸馏出(b. p. 135℃/25 mmHg)(1 mmHg=133 Pa)。产物约为 5～10 g。

2. 尼龙-66 的合成

将 4.64 g 己二胺和 3.2 g 氢氧化钠放入 250 mL 的烧杯中，加入 100 mL 水溶解。(标记为 A 瓶)(注意：夏季气温高时加冰水冷却外部，使水温保持在 10～20℃)。

3.66 g 己二酰氯放入干燥的 250 mL 烧杯中，加入精制过的四氯化碳 100 mL 溶解(标记为 B 瓶)。(夏季气温高时亦需要加冰水冷却外部，使其溶液温度保持在 10～20℃)。

然后将 A 瓶中的溶液沿着玻璃棒徐徐倒入 B 瓶内。立即在两界面上形成了半透明的薄膜，此即聚己二酰胺(尼龙-66)。

用玻璃棒小心将界面处的薄膜拉出，并缠绕在玻璃棒上，直至己二酰氯反应完毕。也可以使用导轮，借着重力，观察具有弹性丝状的尼龙-66 连续不断地被拉出。

生成的丝以 3%的盐酸溶液洗涤，再用去离子水洗涤至中性，然后真空干燥至恒重。

五、问题与思考

(1) 比较界面缩聚及其他缩聚反应的异同？

(2) 界面缩聚可否用于聚酯的合成？为什么？

(3) 影响聚合物相对分子质量的因素有哪些？

六、参考文献

卞国庆，纪顺俊. 综合化学实验[M]. 苏州：苏州大学出版社，2007.

本实验按 20 学时的教学要求，教师可以相应增减内容。

实验 6　酪氨酸酶的提取、催化活性及生物电化学传感器的构建与应用

一、实验目的

(1) 认识生物体中酶的存在和催化作用,使学生了解生物体系中酶存在下的合成或分解与普通的有机合成的不同和相同之处,认识一些生物化学过程的特殊性。

(2) 掌握生物活性物质的提取和保存方法,学会使用仪器分析手段研究催化反应特别是生物体系中催化过程的基本思想和方法。

(3) 了解酶的固定化及生物电化学传感器的制备,并用于环境、生化等的分析测定。

二、实验原理

生物体内不断地进行着各种各样的化学变化。绿色植物、某些藻类和细菌能够以简单物质,如水、二氧化碳和无机盐为原料,合成复杂的有机物。动物和大多数细菌可以通过摄取外界营养物质,经过分解、氧化、合成等过程,为机体提供所需的能量和结构材料。在生物体内,虽然条件温和(常温、常压和接近中性的溶液等),许多复杂的化学反应却进行得十分顺利和迅速,而且基本没有副产物,其根本原因就是由于生物催化剂——酶的存在。在酶的催化下,机体内物质的新陈代谢有条不紊地进行着。同时在许多因素的影响下,酶又对代谢发挥着巧妙的调节作用。生物体的许多疾病与酶的异常密切相关,许多药物也可通过对酶的作用来达到治疗的目的。

酶是具有催化活性的蛋白质。结构上,同样具有一、二、三级结构,有些酶还具有四级结构。分子的化学组成上,有单纯酶和结合酶之分。单纯酶分子是仅由蛋白质构成的酶,不含其他物质,如脲酶、活化蛋白酶、淀粉酶、核糖核酸酶等。结合酶分子是由蛋白质分子和非蛋白质部分组成,前者称为酶蛋白,后者称为辅助因子,辅助因子是金属离子或小分子。酶蛋白与辅助因子结合形成的复合物称全酶,酶蛋白和辅助因子各自独立存在时,均无催化活性,只有全酶才有催化活性。在酶促反应中酶蛋白决定着反应的专一性和效率,而辅助因子则决定着反应的种类和性质。

有近三分之一的酶需要金属离子作为辅助成分。根据金属离子与酶蛋白的结合程度,可以分为两类:金属酶和金属激酶。

在金属酶中,酶蛋白与金属离子结合紧密。这类酶中的金属离子主要是一些过渡金属离子,如 Fe^{2+}/Fe^{3+}, Cu^{+}/Cu^{2+}, Zn^{2+}, Mn^{2+}, Co^{2+} 等。这些金属离子通常以配价键的形式与氨基酸残基的侧链基团相连,有时也与酶蛋白中的辅基,如血红素的卟啉环相连。金属酶中的金属离子作为酶的辅助因子,在酶促反应中传递电子、原子或官能团。

金属激酶中的金属离子与酶的结合一般较松散。在溶液中,酶与这类离子结合而被激活。这类金属离子主要是碱金属离子和碱土金属离子,如 Na^{+}, K^{+}, Mg^{2+}, Ca^{2+} 等。例如 DNA 聚合酶只有在 Mg^{2+} 的存在下,才能显示出催化活性。金属离子对酶有一定的选择

性，某种金属只有一种或几种酶有激活作用。

酶是一类蛋白质，因此酶既具有一般非生物催化剂的加快反应速率的功能，又具有一般催化剂所不具备的生物大分子的特征。酶的催化作用特点主要有以下几个方面：

(1) 高效性

酶是自然界中催化活性最高的一类催化剂。生命体系中发生的化学反应在没有催化剂存在的情况下，许多反应实际上是难于进行的。酶的催化作用可使反应速率提高 10^6～10^{12} 倍。比普通化学催化剂效能至少高几倍以上。

(2) 选择性

酶是具有高度选择性的催化剂。酶的选择性表现在两个方面。

一是反应专一性：酶一般只能选择性地催化一种或一类相同类型的化学反应。酶催化的反应几乎不产生副反应。如蛋白水解酶能选择性水解蛋白质或多肽中特定的肽键。

二是底物专一性：一种酶只能作用于一种或某一类结构、性质相似的物质。根据酶对底物专一性的程度和类型，大致可分为：

① 结构专一性：有些酶对底物的要求非常严格，只作用于一个特定的底物。这种专一性称为“绝对专一性”。例如脲酶只能催化尿素消解，而对尿素的类似物则无作用。有些酶的作用对象不是一种底物，而是一类化合物或一类化学键。这种专一性称为“相对专一性”。例如胰凝乳蛋白酶，它能选择性地水解含有芳香侧链的氨基酸残基形成的肽键。

② 手性专一性：酶的一个重要特性是能专一地与手性底物结合并催化这类底物发生反应。例如，胰蛋白酶只能水解由 L-氨基酸形成的肽键，而不能作用于由 D-氨基酸形成的肽键。

③ 几何专一性：有些酶只能选择性催化某种几何异构体底物的反应，而对另一种构型则无催化作用。如延胡索酸水合酶只能催化延胡索酸水合生成苹果酸，对马来酸则不起作用。

(3) 反应条件温和

酶促反应一般在 pH 为 5～8 的水溶液中进行，反应温度范围为 20～40℃。由于反应条件温和，使某些不希望的副反应可以尽量减少，如分解反应、异构化反应和消旋化反应等。由于酶本身是蛋白质，高温或其他苛刻的物理或化学条件，将引起酶的失活。

酶的以上特性已引起化学工作者的极大兴趣，如酶正被作为分析试剂、探针得到应用；生物酶的化学模拟已广泛开展，将为研制高性能的工业催化剂奠定基础。酶的电化学研究的开展还开辟了生物电化学的新领域。酶化学是一门交叉学科，对其研究具有广阔的前景。

生物传感器是利用生物物质作为识别元件，将被测物质的浓度与可测量的电信号关联起来。生物传感器中研究最多的是酶传感器。根据酶与电极间电子转移的机理大致可将酶生物传感器分为三代：在葡萄糖传感器中，采用酶的天然介体-氧的催化原理设计制作的酶传感器称为第一代生物传感器；第二代生物传感器将人工合成的媒介体掺入酶层中，减少了空间氧的干扰；第三代生物传感器是指在无媒介体存在下，利用酶与电极的直接电子传递制作的酶传感器。酶的固定化方法主要有吸附法、化学交联法、共价键合法、溶胶-凝胶包埋法、聚合物包裹法等。

碳纳米管(CNT)是由单层或多层石墨片围绕中心轴按一定的螺旋角卷绕而成的无缝、中空的“微管”，每层由一个碳原子通过 sp^2 杂化与周围 3 个碳原子完全键合后所构成的六边形组成的圆柱面。根据形成条件的不同,碳纳米管存在多壁碳纳米管(MWNTs)和单壁碳纳米管(SWNTs)两种形式。碳纳米管独特的原子结构使其表现出金属或半导体特性,利用这种独特的电子特性,可以将碳纳米管制成电极。碳纳米管的表面效应,即直径小、表面能高、原子配位不足,使其表面原子活性高,易与周围的其他物质发生电子传递作用,在电催化和电分析化学领域中具有广阔的应用前景。在碳纳米管表面引入一些电活性基团,经过活化较好的电化学响应。经过活化以后,根据所用介质的不同,可以在碳管表面引入含氧、甚至含硫的基团,一般包括羟基、羰基、羧基、酚类和醌类化合物等。这些电活性基团可以催化或促进其他物质的电子传递反应。

酚类属于高毒物质,据全国工业污染源调查表明,其污染在我国相当严重,在全国6个主要污染物中排行第一。目前,测定挥发酚的标准方法为4-氨基安替比林分光光度法。方法繁杂,需要蒸馏,分析速度慢,且产生二次污染。近年来,各种测酚用的生物传感器报道很多。

与传统的分析方法相比,生物传感器这种新的检测手段具有如下优点:① 生物传感器是由选择性好的生物材料构成的分子识别元件,因此一般不需要样品的预处理,样品中被测组分的分离和检测同时完成,且测定时一般不需要加入其他试剂;② 由于它的体积小,可以实现连续在线监测;③ 响应快,样品用量少,且由于敏感材料是固定化的,可以反复多次使用;④ 传感器连同测定仪的成本远低于大型的分析仪器,便于推广应用。

本实验拟通过土豆等物中提取酪氨酸酶并测定其活性,使同学们对酶有个初步的了解,并将酶进一步固定于电极表面,制成酶电极,可用于酚的测定。当土豆、苹果、香蕉或蘑菇受损伤时,在空气的作用下,很快变为棕色,这是因为它们的组织中都含有酪氨酸和酪氨酸酶,酶存在于物质内部。当内部物质暴露于空气中,在氧的参与下将发生如下反应,生成黑色素。反应式为:

Tyrosinase
Tyrosinase
Tyrosine
DOPA
DOPAquinone
LeucoDOPAchrome
Tyrosinase and/or Peroxidase
Indole-5,6-quinone
DHI
DOPAchrome
DOPAchrome tautomerase
DHICA
DHICA oxidase and/or Peroxidase
Indole-5,6-quinone-carboxylic acid
Eu-Melanin

影响酶作用的因素有酶的浓度、底物浓度、pH、温度和抑制剂等。在酶浓度恒定的情况下，增加底物的浓度，可以提高酶促反应的初速率。当底物浓度增至某一限度后，反应初速度就不再随底物的浓度而变化，而是逐渐趋近某一极限值，称为最大速率(v_{max})。

大量实验事实表明，在酶催化过程中，酶(E)首先与底物(S)结合成中间配合物(ES)，然后再分解成产物(P)和酶。而产物生成速率取决于 ES 配合物的分解速率。

$$E + S \underset{k_2}{\overset{k_1}{\rightleftharpoons}} [ES] \xrightarrow{k_3} P + S$$

米氏方程(Michaelis-Menten 方程)是酶促反应动力学最重要的一个数学表达式：

$$v_i = k_3 \frac{[E]_0[S]}{k_m + [S]} = \frac{v_{max}[S]}{k_m + [S]}$$

对每一个酶-底物体系来说，k_m 是一个特征值，其物理意义为：当酶促反应速率达到最大反应速率一半时的底物浓度，单位为 $mol \cdot L^{-1}$。k_m 值小表示亲和程度大，酶的催化活性高。

为了求得准确的 k_m 值，可以将米氏方程的形式加以改变，即将方程两边同时取倒数(双倒数)，可得 Lineweaver-Burk 方程：

$$\frac{1}{v_i} = \frac{k_m}{v_{max}} \frac{1}{[S]} + \frac{1}{v_{max}}$$

以 $1/v_i$ 对 $1/[S]$ 作图，由直线的斜率和截距可求 k_m 值。

酶的活性定义为酶催化化学反应的能力，其衡量的标准是酶促反应速率的大小。酶促反应速率可用在适宜的特定条件下单位时间内底物消耗量或产物生成量来表示。酪氨酸酶可用比色法测定。由于多巴转化变成多巴红速率很快，再转到下一步产物速率慢得多，故可在酶存在下，测定多巴红的速率而测定酶的活性。

三、实验仪器及药品

1. 仪器

分光光度计、离心机、粉碎机、研钵、水浴、秒表、CHI660 电化学工作站、超声波洗涤器、金电极、玻碳电极、铂电极、饱和甘汞电极。

2. 药品

L-多巴(左旋多巴)、二羟基苯丙胺酸、磷酸缓冲溶液($0.05\ mol \cdot L^{-1}$，pH=7.0)、磷酸氢二钠、盐酸、Na_2EDTA、酪氨酸氧化酶、多壁碳纳米管、酚。

3. 材料

土豆(或苹果、蘑菇)。

四、实验步骤

1. 酶的提取

在预冷的研钵中放入 12.5 g 经过冰冻的切碎的土豆(或苹果，蘑菇)，加入冰冷的25 mL 磷酸缓冲溶液(pH=7.0)，用粉碎机粉碎匀浆，或在研钵中用力研磨挤压(约 1 min)。用两层纱布滤出提取液，立即离心分离(约 3 000 $r \cdot min^{-1}$，5 min)。倾出上层清液保存于冰浴或冰箱中。提取液为棕色，在放置过程中不断变黑。

(1) 酶的活性测量

取 0.4 mL 土豆提取液，加 2.6 mL pH=7.0 的缓冲液。加 2 mL 0.010 mol・L^{-1}的多巴溶液，摇匀。反应约 10 min 后，使用 1 cm 的比色皿，使用自动扫描分光光度计扫描获取多巴红的吸收光谱。并可从混合开始以时间间隔 1 min 进行连续扫描，观察吸光度随时间增加的现象。

取 2.5 mL 提取液用 pH=7.0 的缓冲溶液稀释至 10 mL，摇匀。取 0.1 mL 稀释过的提取液于 10 mL 比色管中，加入 2.9 mL pH=6.0 的缓冲液，再加 2 mL 多巴溶液，同时开始计时，用分光光度计在 475 nm 处测定吸光度。开始 6 min 内每分钟读 1 个数，以后隔2 min 读 1 个数，直至吸光度变化不大为止。

取 0.2 mL、0.3 mL、0.4 mL 已稀释过的提取液重复上述实验，(注意总体积为 5 mL，每次换溶液洗比色皿只能倒很少量溶液洗 1 次)。

以吸光度对时间作图，从直线斜率求出酶的活性。

(2) 抑制剂的影响

取 0.4 mL 稀释过的提取液，加少量固体 Na_2EDTA 振动混合，反应一段时间后，配成测定溶液观察现象。并按上述实验方法，测定酶的活性，并对实验结果进行对比。

(3) 酶电极的制备

将碳纳米管在浓硝酸中浸泡 10 h 后，100℃ 浓硝酸回流 5～6 h。再将得到的悬浊液离心分离、烘干，得到粉末状开管硝基化的碳纳米管。取 1 mg 分散至 3 mL 的 N，N-二甲基甲酰胺(DMF)中，备用。

将玻碳电极用 2 000 目的进口细砂纸湿磨抛光，然后依次用稀 HCl，无水乙醇，去离子水超声清洗各 3 min，干燥后备用。

取 6 μL 碳纳米管悬浊液滴加于预处理后的玻碳电极表面，红外灯烘干，再取一定量的酪氨酸酶溶液(由学生自已提取的酶或购买的商品酶溶液)滴在电极表面，室温下放置干燥 2～4 h 即可。酶电极不使用时可存放于冰箱中。

(4) 酶电极的电化学性质

将电极置于 0.05 mol・L^{-1}的磷酸盐缓冲溶液(pH=7.0)中，观察其循环伏安图(*c*V)。

改变电位扫描速度，记录循环伏安阴阳极峰电流，并以阴阳极电流分别对电位扫描速度的(v)或其平方根($v^{1/2}$)作图，考察其特性是扩散控制还是固定于电极表面。

(5) 样品中酚的测定

将酶电极置于 0.05 mol・L^{-1}的磷酸盐缓冲溶液(pH=7.0)中，电磁搅拌溶液，在极化电位-0.1 V 下记录电流-时间(i-t)曲线，待基本电流稳定后，多次加入一定量的标准酚溶液，以电流增量对酚的浓度做工作曲线。

在同样条件下，加入一定量的样品溶液，由工作曲线法求得样品中酚的浓度。

五、参考文献

(1) 卞国庆，纪顺俊. 综合化学实验[M]. 苏州：苏州大学出版社，2007.

(2) 王尊本主编. 综合化学实验[M]. 北京：科学出版社，2003：161～166.

(3) 浙江大学，南京大学，北京大学，兰州大学主编. 综合化学实验[M]，北京：高等教育出版社，2001：183～187.

(4) 古练权主编. 生物化学[M]. 北京：高等教育出版社，2000.

(5) Zhao Q, Guan L H, Gu Z N, Zhuang Q K. Determination of Phenolic Compounds Based on the Tyrosinase-Single Walled Carbon Nanotubes Sensor [J]. Electroanalysis, 2005(17):85～90.

本实验按 30 学时的教学要求，教师可以相应增减内容。

实验7　吲哚衍生物的绿色合成方法研究

一、实验目的

(1) 学习掌握无溶剂反应技术及其在有机反应中的应用。

(2) 了解双吲哚及三吲哚烷基化合物的合成原理和实验方法。

(3) 学习超声波促进的有机反应技术。

(4) 巩固薄层色谱(TLC)监测反应进程的方法和柱色谱分离技术。

(5) 了解水相中 Lewis 酸和有机小分子催化有机反应的方法。

二、实验原理

吲哚化学的研究至今一直是杂环化学的最活跃研究领域之一。在自然界中,吲哚单元存在于多种结构中,而这类化合物许多具有重要的药理活性。有些天然吲哚是简单的单取代衍生物,如吲哚-3-乙酸;有些则具有复杂的结构,如具有抗白血病活性的长春新碱。

作为吲哚化合物家族中长期受人关注的双吲哚烷基化合物,其合成最早可以追溯到19世纪80年代。Fischer 等人在加热2-甲基吲哚和苯甲醛时,第一次得到了双吲哚烷基化合物。在后来的研究中,人们发现很多从深海海绵中分离得到的双吲哚烷基化合物具有非常重要的生物活性。因此,近年来双吲哚烷基化合物的合成得到了大量的研究。吲哚特殊的九原子十电子结构决定了吲哚的许多反应都是在吲哚的3-位上发生,这主要是因为吲哚3-位的电子云密度相对较大的缘故。双吲哚烷基化合物的合成方法有很多,它们可以通过吲哚格氏试剂和羰基化合物反应、吲哚和 α-羰基酸反应、吲哚和炔酸酯反应、吲哚和硝酮的反应以及吲哚和醛或酮的反应等方法而得到。其中酸催化下的吲哚和醛或酮的反应是发现最早、最简单、应用范围最广的合成双吲哚烷基化合物的方法,可用下式来表示:

R_2 … R_1 + XCOY $\xrightarrow{H_3O^+}$ (R_2 … R_1)$_2$ CH(X)Y

R_1,R_2=H,Alky1,etc.
X,Y=H,Alky1,Ary1

双吲哚烷基化合物的衍生物——三吲哚烷基化合物,由于其极强的生理活性,尤其是抗肿瘤活性,而得到众多的有机化学家们的关注。和双吲哚化合物一样,许多含三吲哚结构的天然产物已经被分离和制备出来,迄今至少已有10多种来自海洋生物的化合物,已在美国和加拿大进入临床前研究或临床实验,有些已经在临床实验中取得了较好的结果。代表性的双/三吲哚化合物结构式如下:

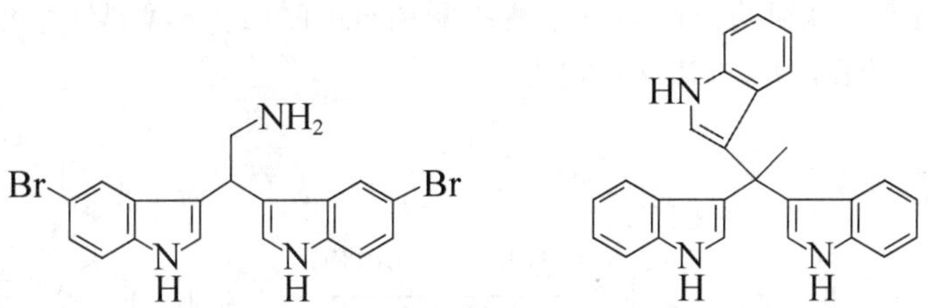

现在,三吲哚类化合物的合成主要是通过两种方法:一种是通过 Lewis 酸催化吲哚和吲哚甲醛反应,生成三吲哚类衍生物;另一种则是 Lewis 酸催化下的吲哚和原甲酸三乙酯的反应,同样能得到三吲哚衍生物。

近年来,环境问题的重视使得传统有机合成方法受到挑战。有机合成的绿色化已经成为当代合成化学的一个非常重要的主题。从目前的发展情况而言,有机反应的绿色化一般可以从以下三个方面考虑:① 从反应本身入手,尽可能使反应在生成目标产物的同时,生成对环境无害的副产物;② 选择反应介质时,尽量避免使用有毒有害、易挥发的有机溶剂;③ 催化剂的设计需要朝着高效、可循环的目标努力,或者使用有机小分子催化剂。绿色化学的诞生促进了有机合成方法学的发展,将会使得有机化合物的合成变得非常清洁,高效。

三、实验仪器及药品

1. 仪器

玛瑙研钵、点滴板、分液漏斗、锥形瓶、层析用硅胶板、层析柱、烧杯、圆底烧瓶、电子天平、超声波发生器、紫外分析仪、旋转蒸发仪、熔点测定仪、核磁共振仪、质谱仪、红外光谱仪。

2. 药品

吲哚、原甲酸三乙酯、苯甲醛、碘、米氏酸、十二烷基磺酸铁、硝酸铈铵、去离子水、乙酸乙酯、石油醚、无水硫酸镁、饱和硫代硫酸钠溶液、层析用硅胶。

四、实验步骤

1. 无溶剂条件下单质碘催化合成双吲哚烷基衍生物

苯甲醛(1 mmol)、吲哚(2 mmol)、碘(0.2 mmol)依次加入到玛瑙研钵里,手动研磨,TLC 检测反应进程,吲哚反应结束后,乙酸乙酯溶解,用饱和硫代硫酸钠洗涤,分出有机相并干燥浓缩,得到的粗产品以乙酸乙酯和石油醚(1∶8,V/V)为淋洗剂快速柱层析得到目标化合物。计算产率。其反应式为:

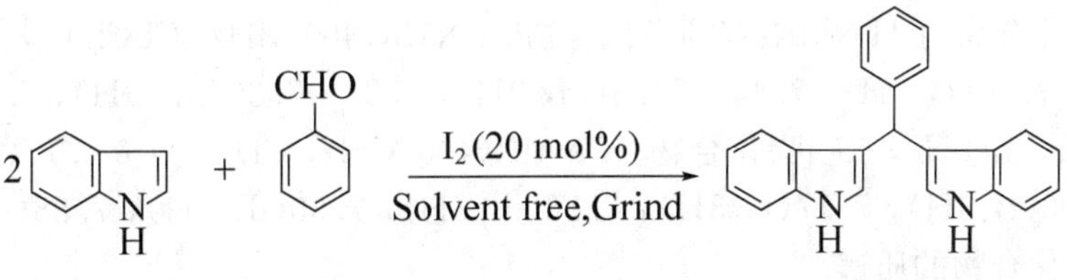

$$2\,\text{indole} + \text{PhCHO} \xrightarrow[\text{Solvent free,Grind}]{I_2(20\ \text{mol\%})} \text{bis(indolyl)phenylmethane}$$

2. 室温水相条件下十二烷基磺酸铁催化合成双吲哚烷基衍生物

苯甲醛(1 mmol)、吲哚(2 mmol)、十二烷基磺酸铁(0.01 mmol)依次加入到盛有 2 mL 水的 10 mL 圆底烧瓶中,室温搅拌,TLC 检测反应进程,吲哚反应结束后,乙酸乙酯萃取,分出有机相并干燥浓缩，得到的粗产品以乙酸乙酯和石油醚（1∶8，V/V）为淋洗剂快速柱层析得到目标化合物。计算产率。其反应式为：

$$2\ \text{indole} + \text{PhCHO} \xrightarrow[H_2O]{Fe(DS)_3\ (1\ mol\%)} \text{bis(indolyl)phenylmethane}$$

3. 超声波辐射、水相条件下米氏酸催化合成双吲哚烷基衍生物

10 mL 圆底烧瓶中，依次加入 2 mL 水、苯甲醛（1 mmol）、吲哚（2 mmol）、米氏酸（0.02 mmol），超声波辐射反应，TLC 检测反应进程，吲哚反应结束后，乙酸乙酯萃取，分出有机相并干燥浓缩，得到的粗产品以乙酸乙酯和石油醚（1∶8，V/V）为淋洗剂快速柱层析得到目标化合物。计算产率。其反应式为：

$$2\ \text{indole} + \text{PhCHO} \xrightarrow[H_2O\ )))]{\text{Meldrum's acid}\ (2mol\%)} \text{bis(indolyl)phenylmethane}$$

4. 无溶剂条件下硝酸铈铵（CAN）催化合成三吲哚烷基化合物

吲哚（3 mmol），原甲酸三乙酯（1.2 mmol），CAN（0.1 mmol）加入到圆底烧瓶中。室温下搅拌，很快（3 分钟）液体固化，生成白色固体即为粗产物。将上述粗产物直接以乙酸乙酯和石油醚（1∶4，V/V）为淋洗剂快速柱层析得到目标化合物。计算产率。其反应式为：

$$3\ \text{indole} + HC(OEt)_3 \xrightarrow[\text{Solvent free}]{CAN} \text{tris(indolyl)methane}$$

五、产物的表征

（1）测定化合物的熔点。

（2）测定化合物的红外光谱（KBr 压片法）。

（3）测定化合物的^{1}H NMR：双吲哚化合物^{1}H NMR（400 MHz，$CDCl_3$）：δ 5.89（s，1H），6.67（s，2H），7.00（t，2H），7.15—7.23（m，3H），7.28—7.30（m，2H），7.34—7.40（m，6H），7.94（br，s，2H）；三吲哚化合物^{1}H NMR（400 MHz，$CDCl_3$）：δ 6.17（s，1H），6.78（s，3H），7.00（t，3H），7.17（t，3H），7.36（d，3H），7.50（d，3H），7.88（s，3H）。

（4）测定化合物的质谱。

六、问题与思考

（1）在无溶剂合成双吲哚烷基衍生物反应中，用饱和硫代硫酸钠洗涤的目的是什么？

（2）无溶剂合成双吲哚烷基衍生物时，为什么在提纯粗产品时要采取快速柱层析？

（3）除了十二烷基磺酸铁之外，你觉得还有哪些常见的 Lewis 酸可以在水相条件下催化合成双吲哚烷基衍生物？

（4）尝试为水相条件下催化合成双吲哚烷基衍生物的反应提出一个可能的机理。

（5）如何设计实验证明米氏酸及超声波对催化合成双吲哚烷基衍生物的反应具有促进作用？

（6）比较前三种合成双吲哚烷基衍生物的方法，阐述各自的优缺点。

（7）相比前三个反应，无溶剂条件下硝酸铈铵（CAN）催化合成三吲哚烷基化合物的反应，从理论上应该产生的副产物是什么？实际还可能产生哪些副产物呢？

（8）在第四个反应中，你认为硝酸铈铵是如何在反应中起作用的？

七、参考文献

（1）Ji S J，Wang S Y，Zhang Y，Loh T P. Facile synthesis of bis(indolyl)methanes using catalytic amount of iodine at room temperature under solvent-free conditions[J]. Tetrahedron，2004(60)：2051～2055.

（2）Wang S Y，Ji S J. Facile synthesis of bis(indolyl)methanes catalyzed by ferric dodecyl sulfonate [$Fe(DS)_3$] in water at room temperature[J]. Synth Commun，2008(38)：1291～1298.

（3）Wang S Y，Ji S J，Su X M，A Meldrum's acid catalyzed synthesis of bis(indolyl)methanes in water under ultrasonic condition[J]. Chin J Chem，2008(26)：22～24.

（4）曾晓飞. 吲哚类衍生物的合成方法学研究. 苏州大学硕士学位论文，2006.

本实验按 45 学时的教学要求，教师可以相应增减内容。

实验8　二碘化钐催化腈的环三聚

一、实验目的

通过对空气敏感的二碘化钐(SmI_2)的制备及其在催化有机反应中的应用,掌握无水无氧操作的原理和方法。

二、实验原理

许多有机金属化合物对水和氧极其活泼,易被破坏或发生剧烈反应,所以处理这样的化合物时需要隔绝空气。实现这一要求一般有如下三种方法:① 使用手套箱;② 使用 Schlenk 型容器,在惰性气流中操作;③ 在全部真空系统中操作。涉及到的操作步骤包括:原料与试剂的脱水脱氧处理和保存,反应仪器的组装与干燥,物料的投加方式等。

含有三个氮原子的六元杂环体系称三嗪,三个氮原子相互在间位的称均三嗪。均三嗪结构是许多生物活性物质中的重要结构单元,通常可由腈的环三聚反应制得。

本实验是在无水无氧条件下制备对空气敏感的二碘化钐,见反应式 8-1,并以其为催化剂,催化苯腈发生环三聚反应制备 2,4,6-三苯基均三嗪,见反应式见反应式 8-2。

$$Sm + I_2 \xrightarrow[r.t.]{THF} SmI_2 \tag{8-1}$$

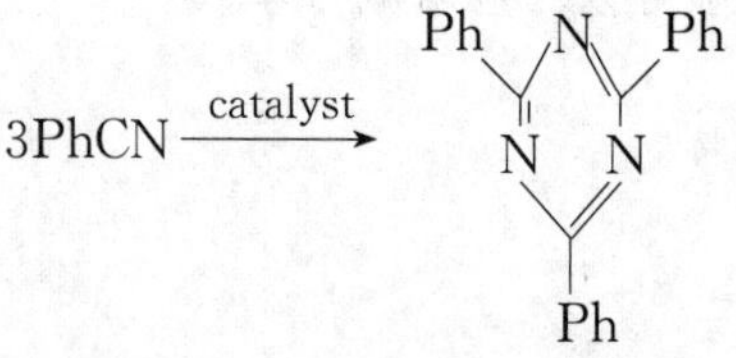

$$3PhCN \xrightarrow{catalyst} \tag{8-2}$$

Ph　N　Ph

N　N

Ph

三、实验仪器与药品

1. 仪器

磁力搅拌器、变压器、电吹风、真空泵、止血钳、加热套、氩气钢瓶、加热套式搅拌器、注射器、电子天平、标定装置、双排管。

2. 药品

四氢呋喃、钐、碘、苯腈、己胺、钠、二苯甲酮、无水氯化钙、氢化钙、乙醚、二氯甲烷、甲苯、硝酸、二甲酚橙、六次甲基四胺、乙二胺四乙酸、氢氧化钠。

四、实验步骤

1. 原料与试剂的预处理〔1〕

(1) 四氢呋喃(THF)的预处理

经无水氯化钙干燥数天后，在经过脱水、脱氧、充氩处理的两颈瓶中加金属钠回流至所加入的二苯甲酮呈蓝紫色后，蒸出(b. p. 66℃)备用。

(2) 苯腈的预处理

在经过脱水、脱氧、充氩处理的两颈瓶中，用氢化钙干燥一天左右，蒸出(b. p. 187～188℃)备用。

(3) 己胺的预处理

经固体氢氧化钠干燥数天后，在经过脱水、脱氧、充氩处理的两颈瓶中，用氢化钙干燥一天左右，蒸出(b. p. 130～131℃)备用。

2. 催化剂的制备和标定

(1) 二碘化钐的制备

在经脱水、脱氧、充氩处理过的两颈瓶中〔2〕，加入 0.15 g 金属钐(1 mmol)和 0.16 g 碘(0.66 mmol)，再加入 10 mL 四氢呋喃，搅拌反应两天，离心转移清液，得深蓝色的SmI_2-THF 溶液，封管备用。

(2) 催化剂含量分析

用注射器准确量取一定量的上述溶液，加少量去离子水及数滴 6 mol·L^{-1}的 HNO_3 溶液，加入 1～2 滴二甲酚橙作指示剂，再加入六次甲基四胺缓冲剂至溶液呈紫色，然后采用乙二胺四乙酸(EDTA)直接配合滴定法分析二碘化钐含量，滴定至溶液颜色正好由紫色变为亮黄色为终点，催化剂含量按下式计算：

$$c_{SmI_2} = \frac{c_{EDTA} \times V_{EDTA}}{V_{SmI_2}}$$

式中：V_{EDTA}为滴定时消耗 EDTA 的体积(mL)；c_{EDTA}为 EDTA 溶液的物质的量浓度(mol·L^{-1})；V_{SmI_2}为量取的二碘化钐的体积 (mL)。

3. 二碘化钐/胺体系催化腈的环三聚

向经脱水、脱氧、充氩处理过的瓶中，用针筒加入 SmI_2-THF 溶液(0.25 mmol)，真空抽干溶剂，按一定比例依次加入 1 g 苯腈(10 mmol，d=1 g·mL^{-1})，0.25 g 己胺(2.5 mmol，d=0.765 g·mL^{-1})，封管，在 80℃下搅拌反应 3 h。反应结束后开管，反应体系用乙醚或二氯甲烷洗去未反应的苯腈，以甲苯重结晶，得白色固体，即为三苯基均三嗪。

五、问题与讨论

(1) 有机反应中常用的干燥剂有哪些？干燥的原理分别是什么？

---

〔1〕 金属有机反应常用的溶剂有四氢呋喃、甲苯、环己烷和乙醚等，均需先经无水氯化钙、分子筛、钠丝等预处理后再经氢化钙或钠-二苯甲酮处理方可达到脱水脱氧的要求。

〔2〕 反应仪器的组装与干燥、液体试剂的加入、固体试剂的加入的具体操作见本实验后注释。

(2) 制备二碘化钐时，为什么金属钐要过量？

(3) 对于腈的环三聚合成方法，除本实验所用的外还有哪些？请查阅文献进行总结、比较各种方法的优劣之处。

六、参考文献

(1) 卞国庆，纪顺俊. 综合化学实验[M]. 苏州：苏州大学出版社，2007.

(2) Imamoto, T.; Ono, M. Chem. Lett. 1987, 501.

(3) Xu, F.; Sun, J.; Yan, H.; Shen, Q. Synth. Commun. 2000, 30, 1017.

本实验按 45 学时的教学要求，教师可以相应增减内容。

注 释

Ⅰ. EDTA 标准溶液的配制和标定

一、主要试剂

(1) 乙二胺四乙酸二钠盐（$Na_2H_2Y \cdot 2H_2O$，相对分子质量 372.2）。

(2) 氧化锌（分子质量 81.39，分析纯）。

(3) 20%的六亚甲基四胺溶液（称取固体六亚甲基四胺 20 g 溶于 100 mL 水，加浓 HCl 4 mL，pH≈5.5）。

(4) 0.2%的二甲酚橙水溶液（称取 0.2 g 二甲酚橙溶解于 100 mL 纯水中）。

二、操作步骤

1. 锌标准溶液和 EDTA 溶液的配制

(1) 锌标准溶液的配制

准确称取氧化锌 0.18～0.22 g，置于 150 mL 烧杯中，加入尽可能少（约 4 mL）1∶1 的 HCl 溶液，立即盖上表面皿，待氧化锌完全溶解，以少量水冲洗表面皿和烧杯内壁，定量转移 Zn^{2+} 溶液于 250 mL 容量瓶中，用水稀释至刻度，摇匀，计算锌标准溶液的浓度。

$$c_{Zn^{2+}} = \frac{m_{ZnO} \times 1\,000}{M_{ZnO} \times 250}$$

式中：$c_{Zn^{2+}}$ 为锌标准溶液的浓度（$mol \cdot L^{-1}$）；m_{ZnO} 为称取氧化锌的质量（g）；M_{ZnO} 为氧化锌的摩尔质量（$g \cdot mol^{-1}$）。

(2) EDTA 溶液的配制

称取 3.7 g EDTA 二钠盐于 1 L 烧杯中，加 500 mL 水，温热溶解，冷却后稀释至 1 L，摇匀后移入可密封的瓶中。

2. EDTA 溶液的标定

用移液管吸取 25.00 mL Zn^{2+} 标准溶液于锥形瓶中，加 2 滴二甲酚橙指示剂，滴加六亚甲基四胺至溶液呈现稳定的紫红色，再补加 5 mL 六亚甲基四胺。用 EDTA 滴定，当溶液由紫红色恰转变为亮黄色时即为终点。平行滴定三次，取平均值，计算 EDTA 的准确浓度。

$$c_{EDTA} = \frac{c_{Zn^{2+}} \times V_{Zn^{2+}}}{V_{EDTA}}$$

式中：$c_{Zn^{2+}}$ 为锌标准溶液的浓度（$mol \cdot L^{-1}$）；$V_{Zn^{2+}}$ 为量取的 Zn^{2+} 标准溶液的体积（mL）；V_{EDTA} 为滴

定时消耗 EDTA 的体积(mL)；c_{EDTA} 为 EDTA 溶液的浓度($mol \cdot L^{-1}$)。

Ⅱ. 钢瓶的正确使用

(1) 打开总阀开关。

(2) 使真空线处于与大气连通状态：旋转一个活塞到"氩气"，将惰性气体体系接通大气。

(3) 打开流量计开关，调节浮子到适当位置。本实验中所需氩气的气流量很小。

Ⅲ. 反应仪器的脱水脱氧

为避免金属有机化合物与空气的接触，反应及分离等操作中的仪器、管道均需反复抽真空、烘烤、充惰性气体以除尽空气及器壁水分。抽真空-烘烤-充惰性气体过程须重复 3～4 次。具体流程：

(1) 转动阀门，接通"真空"，抽气。玻璃仪器可以持续抽气，如果装置中接有气袋，则待气袋中气体全部抽完后，立即用止血钳夹紧气袋的乳胶管，以免气袋内外发生气体交换。

(2) 用大功率电吹风或煤气灯烘烤整套仪器。

(3) 继续抽真空至仪器冷却。

(4) 转动阀门，接通"氩气"，将氩气充入仪器。

(5) 转动阀门，再次接通"真空"。重复(1)～(4)的操作 3～4 次。

注意以下几点：

① 从整套仪器距离真空线的最远端开始，往气体进出口处烘烤；

② 不能直接加热橡皮胶管处，防止其遇高温老化；

③ 遇到磨口或厚壁玻璃处，小火加热，防止由于受热不均造成玻璃碎裂；

④ 遇到冷凝管双层玻璃处，均匀缓慢强热，保证内管得到充分的烘烤。

Ⅳ. 液体的定量加入

以向反应装置中加入 10 mL 经脱水脱氧处理过的四氢呋喃为例。

(1) 将保存在干燥器内的针筒取出。

(2) 针筒以氩气换洗几次(将针筒的针头扎入与"氩气"连通的胶管中，让气体推动针筒的内管充入氩气，注意：不能手动外拉内管。拔出针头，推出气体。如此反复几次)。最后在针筒内充入略大于 10 mL 体积的氩气。

(3) 将针头扎入处理过的四氢呋喃瓶中，倒转瓶口朝下，将氩气推入瓶内，四氢呋喃在瓶内压力的作用下自动压入针筒。量取 10 mL 体积的四氢呋喃。

(4) 固定内管不滑动，拔出针筒。

(5) 将四氢呋喃注入反应瓶中。

Ⅴ. 固体试剂的加入

用一个二颈反应瓶进行操作，其一颈让惰性气体快速流入，另一颈加入固体有两种方法：① 迅速打开，加入固体试剂，但要防止固体粉末被气流吹出；② 将盛有固体试剂的试剂瓶用胶管连接在二颈瓶上，倒转试剂瓶，使固体滑入反应瓶。

实验9　2-芳氨基喹唑啉-4-酮的催化合成

一、实验目的

(1) 通过2-芳氨基-喹唑啉-4-酮的合成，了解串联反应方式、催化过程和原子经济性反应等高效有机合成手段。

(2) 了解并掌握无水反应的准备工作和后处理要求，熟练掌握无水操作。

(3) 掌握薄板层析跟踪有机反应的方法以及柱层析分离有机物的方法。

二、实验原理

4-喹唑啉酮化合物是一类重要的生物碱，其中最为常见的具有良好生物活性的物质包括色胺酮、骆驼宁碱、常山碱甲等，在抗疟药、抗菌剂、抗肿瘤药等方面已有很多成功的应用。4-喹唑啉酮化合物的合成方法中较多是以邻氨基苯甲酸作为合环原料，但在这些方法中，有的原料价廉易得，但合成路线长，产率不高；有的步骤较为简便，但所用试剂毒性大；有的反应速率快，需要时间短，但反应条件剧烈，往往造成产品外观差、纯度差。

当今有机合成化学发展的主流趋势是发展高效合成方法以及发展绿色化学，而采用串联反应方式、使用催化过程和发展原子经济性反应是实现这一发展趋势的重要手段。本实验通过三氯化铝催化的邻氨基苯甲酸酯与碳二亚胺的串联反应高效制备2-芳氨基喹唑啉-4-酮。由于催化剂三氯化铝和反应中间体碳二亚胺均对水有一定敏感性，因此在该催化反应体系中需采取无水操作。

三、实验仪器与药品

1. 仪器

量筒、圆底烧瓶(250 mL)、三颈烧瓶(250 mL)、球形冷凝管、温度计、布氏漏斗、吸滤瓶、分液漏斗、层析柱、点滴板、磁力搅拌器、循环水泵、旋转蒸发仪、熔点测定仪、紫外分析仪、红外光谱仪、核磁共振仪。

2. 药品

二硫化碳、邻甲基苯胺、乙醇、乙酸乙酯、三乙胺、碘、石油醚(60～90℃)、无水硫酸钠、邻氨基苯甲酸甲酯、无水三氯化铝、甲苯、硅胶(300～400目)。

四、实验步骤

1. 硫脲的制备

在通风橱内，将水(150 mL)、二硫化碳(6.0 mL，100 mmol)、邻甲基苯胺(10.6 mL，100 mmol)依次加入250 mL圆底烧瓶中，60℃下搅拌8 h。过滤，滤饼用水洗，用乙醇重结晶，得白色固体，即为1,3-二邻甲苯基硫脲。计算收率，测定熔点。反应式为：

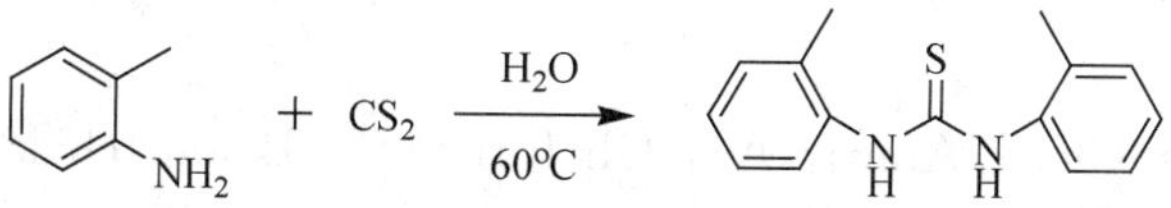

2. 碳二亚胺的制备

将1,3-二邻甲苯基硫脲(4.6 g,20 mmol)加入50 mL乙酸乙酯,冰浴冷却下加入三乙胺(5.6 mL, 40 mmol)。在此混合物中搅拌并分批缓缓加入碘(5.6 g, 22 mmol),用时约30 min。在此过程中可见到淡黄色的硫粉渐渐析出。滤去硫粉,旋转蒸发除去有机溶剂,再以石油醚(150 mL × 2)萃取。萃取液经无水硫酸钠干燥,旋转蒸发浓缩后快速过层析柱,[1]以石油醚为淋洗液,以薄板层析跟踪,收集组分,旋转蒸发后得油状液体,即为1,3-二邻甲苯基碳二亚胺。[2] 计算收率,测定红外。反应式为:

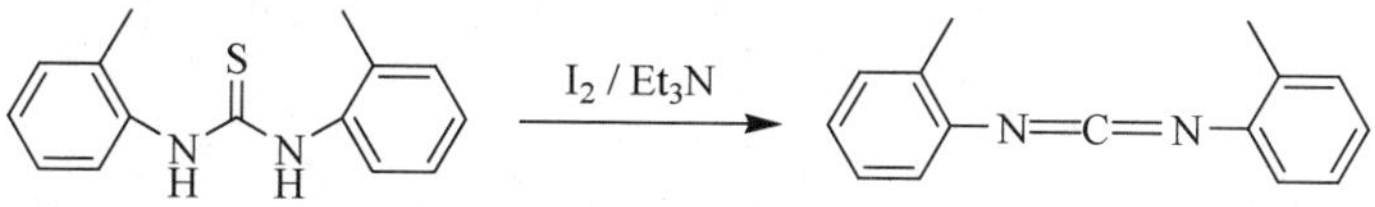

3. $AlCl_3$ 催化合成2-芳氨基喹唑啉-4-酮[3]

将邻氨基苯甲酸甲酯(2.3 g,15 mmol)、1,3-二邻甲苯基碳二亚胺(3.3 g,15 mmol)、$AlCl_3$(0.2 g,1.5 mmol)加入30 mL甲苯中,混合均匀,80℃下加热搅拌5 h。冷却,旋转蒸发抽除甲苯。残余物以少量乙酸乙酯溶解,过层析柱,以乙酸乙酯/石油醚(体积比从1∶15逐渐过渡至1∶7)为淋洗液,以薄板层析跟踪,收集组分,旋转蒸发除去溶剂,残余物加入少量正己烷,重新旋转蒸发,得白色固体,即为2-邻甲苯氨基-3-邻甲苯基喹唑啉-4-酮。计算收率,测定红外、核磁共振氢谱。反应式为:

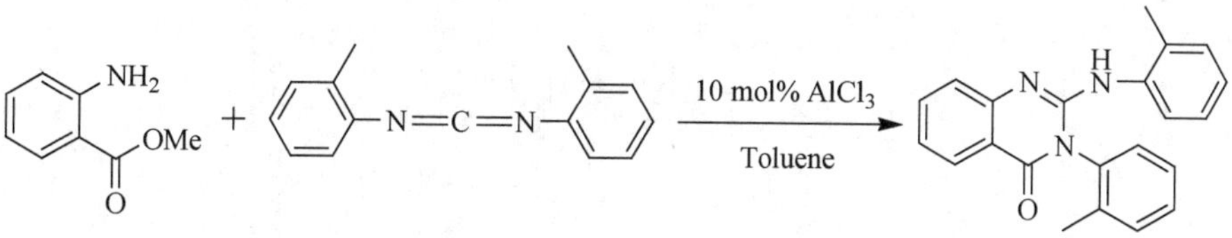

五、问题与讨论

(1) 碳二亚胺吸水的原理是什么?

(2) 实验步骤2中,柱层析过程中在目标产品流出时会伴随流出一个杂质化合物,你认为会是什么?如何鉴定?

(3) 柱层析操作过程中干法上样适用于何种情况?

(4) 原子经济性反应的要求是什么?实验步骤3的原子利用率为多少?

---

[1] 可采取干法上样,即将试样溶于适当的溶剂中,加入少量硅胶混匀,抽干溶剂,使其呈干爽松散状,随后加入已制备好的色谱柱,按正常方式层析。

[2] 制备好的碳二亚胺须严格隔绝水汽保存,或尽快投入下一步反应。

[3] 该反应步骤所使用的仪器和药品均需充分干燥,称量、投料都要迅速。$AlCl_3$ 须使用颗粒或粉末状(即未被水解的),以升华得到的粉末催化效果最佳。甲苯须事先用钠丝处理。

六、参考文献

(1) Azizi, N., Khajeh-Amiri, A., Ghafuri, H., Bolourtchian, M. *Mol. Divers*, 2011, 15, 157～161.

(2) Ali, A. R., Ghosh, H., Patel, B. K. *Tetrahedron Lett*, 2010, 51, 1019～1021.

本实验按30学时的教学要求,教师可以相应增减内容。

实验10　固体催化剂的制备、表征和催化活性的测定

一、实验目的

（1）通过制备、表征负载型纳米氧化铁催化剂，及其对变换反应的催化活性，了解纳米粒子和负载型固体催化剂的制备过程。

（2）掌握流动法测量催化剂活性的实验方法。

（3）各种大型仪器的综合应用能力的训练。

二、实验原理

催化剂制备、表征和催化活性的测定对于开发新型催化剂有着重要影响。无机化学合成新型材料如分子筛、新型大孔材料；有机化学合成新型金属配合物、新的有机分子与纳米金属粒子或纳米半导体粒子形成的新型有机-无机复合物均有可能成为新型的催化剂材料。固体催化剂的制备、表征和催化活性测定实验涉及无机、有机制备、化学反应器设计和控制、样品的在线分析、各种现代大型仪器对催化剂的表征等多方面知识的综合应用，对于培养学生的综合实验能力和创新精神，促进不同学科的实验方法和技术交流均有重要意义。

催化反应按反应物与催化剂是否处于同一聚集状态区分为均相催化和多相催化。本实验是研究负载型纳米氧化铁催化剂对水煤气的催化交换反应：

$$CO + H_2O \xrightarrow{Fe_3O_4} CO_2 + H_2$$

催化剂活性大小是指有催化剂存在时反应速率增加的程度。通常，由于非催化反应的速率可以忽略不计，故催化剂达到活性仅取决于催化反应的速率。严格地讲，催化剂活性是指在某一确定条件下所进行的具体反应而言的，离开了具体的反应条件，任何定量的催化剂活性比较，都是毫无意义的。对于多相催化反应，由于反应是在固体催化剂表面上进行的，因此催化剂的比表面大小，往往又起着主要作用，通常用单位催化剂表面(或活性表面)上进行的反应速率常数来表示催化剂活性的大小，并称它为比活性。显然，催化剂的比活性与催化剂的表面积、空结构等表面状态无关，只取决于催化剂的化学成分组成，因此在科学研究中常常用比活性来评选催化剂。但实际上，工业催化剂常用单位质量或单位体积催化剂在流动法装置中对反应物的转化百分比来表示其活性。这种表示活性的方法虽然并不确切，然而十分直观，故经常采用。

测定催化剂活性的实验装置可大致分为流动法和静态法两类：流动法是使反应物不断稳定地流过反应器，在其中发生反应，离开反应器后即有产物混杂其间，然后设法分离和分析产物。反应物非连续加入反应器，产物亦不连续移去的所有实验方法，均称为静态法。流动法比静态法更多地应用于动力学实验，它有许多优点是静态法所无法做到的。但流动法本身也有不少麻烦处，首先要产生和控制稳定的气流，气流速度既不能太大，也不能太小。

因为太大反应进行不完全；太小则有气流扩散的影响，有时还可能产生副反应。其次，要长时间控制整个反应系统各处的实验条件（如温度、压力、浓度等）不变，也颇为困难。最后，流动法实验数据的处理也较静态法麻烦。

催化剂的活性和反应温度关系极大。反应温度低，催化剂活性往往较小；反应温度过高，副反应增加，催化剂也易烧结而失去活性。催化剂较合适的反应温度，通常是通过实验来确定的。在本实验中，通过改变反应温度，取得不同温度时的催化剂活性，并以转化百分率对反应温度作图，以找到最佳催化活性的反应温度范围。在实际生产的过程中，必须很好地控制催化剂在较适宜的温度范围，以得到最佳的催化活性和延长催化剂的使用寿命。

三、实验仪器与药品

1. 仪器

催化微型反应装置、温度控制仪、色谱分析仪。

2. 药品

CO、H_2、N_2（高纯）、硝酸镁、硝酸铝、硝酸铁、氨水、半透膜。

四、实验步骤

1. 镁铝尖晶石的制备

称取 26 g $Mg(NO_3)_2 \cdot 6H_2O$ 和 75 g $Al(NO)_3 \cdot 9H_2O$，用 200 mL 去离子水溶解后，转移到一个 1 000 mL 的三颈烧瓶中，剧烈搅拌使之成为均匀的混合溶液。在强力搅拌下滴加 8 $mol \cdot L^{-1}$ 氨水溶液至 pH 为 10，形成溶胶。保持水浴温度为 60℃，继续搅拌老化 3 h，将产物抽滤，于 150℃干燥 12 h，粉碎，然后在 750℃下焙烧 4 h，得到镁铝尖晶石粉末。

2. 纳米氧化铁催化剂的制备

取 2 g $Fe(NO_3)_3 \cdot 9H_2O$ 溶于 20 mL 去离子水，在磁力搅拌下缓慢滴入 100 mL 沸水中得到棕红色溶胶，经透析后，与 10 g 镁铝尖晶石混合后在红外烘箱中使水蒸发，再置入马弗炉内，在 350℃焙烧 2 h。将制得的粉末在压片机上压成厚约 1.5 mm 的圆薄片，在粉碎成 20～30 目颗粒得棕色颗粒状催化剂，备用。

3. 负载型氧化铁催化剂的表征

（1）XRD

取一定量的氧化铁催化剂，经仔细研磨后，在 X-射线粉末衍射仪上测试催化剂的晶型。

（2）SEM

取少量经仔细研磨后的氧化铁催化剂，均匀撒到双面不干胶带上，在扫描电镜测试催化剂样品的形貌。

（3）TEM

取少量经仔细研磨后的氧化铁催化剂，分散至乙醇中，取一小滴滴到铜网上，待溶剂蒸干后，用投射电镜测试催化剂活性组分的粒径。

（4）催化剂比表面

取约 0.1 g 经仔细研磨后的氧化铁催化剂，在 BET 比表面仪上测试样品的比表面积。

4. 测量装置的准备

首先，检查装置各部件是否装妥；向饱和器内加入纯净水；调节恒温水浴和反应器的温度至各自的规定值；再通过减压阀将反应气（N_2 ∶ CO ∶ H_2＝2 ∶ 1 ∶ 1）缓慢送入系统，转子流量计可调节流量大小并读出各气体流量，混合气通过饱和器时带出饱和的水蒸气，送入反应管起反应，未反应的水蒸气将在捕集器中冷凝出去。

其次，检查系统是否漏气。检查时，将湿式流量计与捕集器间的活塞关闭，此时若看到转子流量计转子缓缓下降，直至读数为零，则表示系统不漏气。否则，需分段测查，使系统不漏气为止。

再次，调节载气的流量，至稳定在每分钟 90～100 mL 间的某一数值，准确读下此时流量计的读数。在整个测量的过程中，应保持读数稳定不变。

5. 测定空白曲线

测量时反应管内不放催化剂，炉温调节在 240～350℃间的某一温度。检查转子流量计读数，使之在规定值稳定不变。通过六通阀在线取样，用色谱仪分析流出气体组成，测量三次，相对误差小于 3%。

6. 测催化剂活性

称取 5 g，20～30 目催化剂，通过漏斗将催化剂沿管壁缓缓加入反应管中，用手指转动反应管，使催化剂转匀，记录催化剂层的高度。然后将反应管装入电炉中，此时催化剂位置刚好处于电炉的等温区。

同上法，调节载气流速稳定于规定值，通过六通阀在线取样，用色谱仪分析流出气体组成，测量三次，相对误差小于 3%。

接着改变催化剂温度，重复上述测量。在 250～450℃之间每隔 50℃测试一个温度点的催化活性。测量时反应温度应由低温依次升至高温。

五、数据处理

(1) 求不同温度时的 CO 转化率：

$$\omega(\mathrm{CO})=\frac{A(\text{入})-A(\text{剩})}{A(\text{入})}\times 100\% \quad (A\text{ 为色谱峰面积})$$

(2) 作 ω 对反应温度的图。在图中求出催化剂较适宜的温度范围，以及此时的 CO 转化率。

(3) 根据催化剂质量算出不同反应温度时的单位表面积催化剂在单位时间内 CO 转化率。

(4) 根据催化剂比表面积算出不同反应温度时的单位表面积催化剂在单位时间内 CO 转化率。

六、问题与思考

(1) 实验要求通入的载气与水蒸气物质的量比为 1，试问如何控制饱和器达到上述要求？

(2) 如果测定空白曲线时和测量催化剂时的载气流量有所不同，那么对实验结果有何影响？

七、参考文献

(1) 卞国庆，纪顺俊. 综合化学实验[M]. 苏州：苏州大学出版社，2007.

(2) 邓景发. 催化作用原理导论 [M]. 吉林：吉林科学技术出版社，1984：39～68.

(3) 韩维屏等. 催化化学导论 [M]. 北京：科学出版社，2003：67～69.

本实验按45学时的教学要求，教师可以相应增减内容。

实验11　$Na[Co(ox)_2(Me\text{-}en)]$的合成、表征、差向立体异构化及重氢化动力学性质

一、实验目的

(1) 通过合成$Na[Co(ox)_2(Me\text{-}en)]$，使学生掌握用离子交换法分离和提纯配合物的差向立体异构体。

(2) 对差向立体异构体用核磁共振、元素分析、电子光谱等方法测定和表征，学会用核磁共振法鉴定和区分差向立体异构体，研究差向立体异构体紫外可见光谱性质。

(3) 学会用核磁共振方法测定差向立体异构体在碱催化下的重氢化速率。

(4) 学会用液相色谱方法测定差向立体异构体在碱催化下的差向立体异构化速率。

(5) 研究差向立体异构化及重氢化机理。

(6) 研究差向立体异构体的结构与重氢化速率及手性配位氮原子翻转速率之间的关系。

二、实验原理

一些氨基酸根和二级胺(如：$CH_3NHCH_2COO^-$、Me-en、N，N′-Me_2-en)与三价钴的配合物在水溶液中碱催化下，可发生手性配位氮原子上的脱质子化(质子交换)作用及手性配位氮原子的翻转(差向立体异构化)作用，研究配合物的手性配位氮原子的质子交换速率及手性配位氮原子的翻转速率及其影响因素、氮原子的翻转机理对这类配合物非对映异构体的分离提纯，对映体的光学拆分、有机不对称合成等均有重要意义。

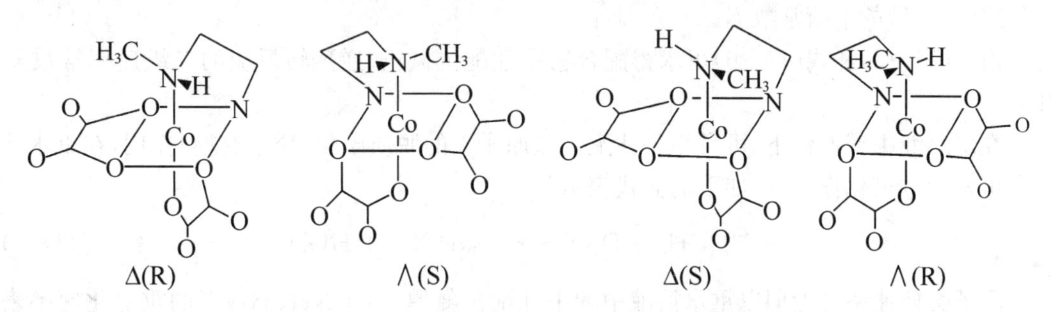

图 11-1　$Na[Co(ox)_2(Me\text{-}en)]$的立体异构体

由于在$Na[Co(ox)_2(Me\text{-}en)]$中存在手性钴和手性配位氮原子，可产生具有4个可能的Δ(*S*)、∧(*R*)、Δ(*R*)和∧(*S*)-立体异构体(见图11-1)。由于Δ(*R*)和∧(*S*)异构体、Δ(*S*)和∧(*R*)异构体分别为对映体，在本实验条件下不能将对映体拆分，故制得的样品是两对外消旋体晶体：Δ(S)Λ(*R*)和Δ(*R*)Λ(*S*)- $Na[Co(ox)_2(Me\text{-}en)]$。Δ(*R*)和Λ(*S*)-异构体的手性配位氮上的甲基位于一个ox螯合环的侧上方，Δ(S)和Λ(*R*)-异构体的手性配位氮上的甲基位于一个ox螯合环的侧上方。当手性配位氮上的甲基位于一个ox螯合环的侧上

方时，由于受到螯合环的去屏蔽作用，该甲基的质子（—$NHCH_3$）化学位移移向低场，当手性配位氮上的甲基位于一个 ox 螯合环的上方时，由于 ox 螯合环的环电流效应和对外磁场的屏蔽作用使得该甲基的质子（—$NHCH_3$）化学位移移向高场，故根据甲基质子（—$NHCH_3$）化学位移的差别鉴别两对外消旋体。

水溶液中碱催化下 $Na[Co(ox)_2(Me\text{-}en)]$的手性配位氮原子的翻转作用可用下式表示：

$$\Delta(R)\Lambda(S) \underset{k_{-1}}{\overset{k_1}{\rightleftharpoons}} \Delta(S)\Lambda(R) \tag{11-1}$$

按照文献(3)方法，在一定 pH 条件下可将该异构化反应作为准一级（即：在保持溶液一定的 pH 时，该反应对于反应物浓度为一级）可逆反应处理，得到如下的动力学方程

$$-\ln[S_{\infty}^{B}/(S_{\infty}^{A}+S_{\infty}^{B})-S_{t}^{B}/(S_{t}^{A}+S_{t}^{B})]=k_{ep(obs)}t+\text{const} \tag{11-2}$$

式中：S_t^A、S_t^B 分别表示 t 时刻 $\Delta(R)\Lambda(S)$、$\Delta(S)\Lambda(R)$- 异构体色谱峰面积；S_{∞}^A、S_{∞}^B 分别表示平衡时 $\Delta(R)\Lambda(S)$、$\Delta(S)\Lambda(R)$-异构体色谱峰面积；$k_{ep(obs)}$ 为准一级可逆差向立体异构化反应速率常数。根据式(11-2)的色谱峰面积随时间的变化可测得直线斜率，即 $k_{ep(obs)}$ 值，且存在如下关系：

$$k_{ep(obs)}=k_{1(obs)}+k_{-1(obs)} \tag{11-3}$$

$k_{1(obs)}$、$k_{-1(obs)}$ 分别为手性氮准一级正、逆翻转异构化反应速率常数。可进一步求得二级差向立体异构化速率常数 $k_{ep}=k_{ep(obs)}/[OH^-]$，即

$$\text{差向立体异构化速率 } v=k_{ep}[\text{配合物}][OH^-] \tag{11-4}$$

由于同一溶液具有相同的 pH，以$[OH^-]$同除式(11-3)两边的物理量可得下式

$$k_{ep}=k_1+k_{-1} \tag{11-5}$$

式(11-1)的平衡常数 $K_{eq}=k_1/k_{-1}$ (11-6)

由式(11-5)和式(11-6)可求得配合物手性配位氮正、逆翻转反应的二级速率常数 k_1 和 k_{-1}。

在水溶液中碱催化下，可发生手性配位氮原子上的脱质子化（质子交换）作用，在重水溶液中可发生重氢化作用，以如下的简式表示：

$$\text{—}NHCH_3+D_2O \longrightarrow \text{—}NDCH_3+HOD \tag{11-7}$$

质子交换速率可近似以重水溶液中的手性配位氮原子（—$NHCH_3$）上的重氢化速率表示。反应(11-7)在一定的 pH 条件下可作为准一级反应处理：

$$\ln([A]/[A]_o)=k_{D(obs)}t \tag{11-8}$$

$[A]_o$和$[A]$分别为配合物的初始浓度与经过重氢化反应 t 时间的浓度。$[A]_o$和$[A]$可用^1H NMR 的初始峰面积及经过重氢化反应 t 时间的峰面积表示。可通过实验测得二级重氢化反应速率常数 $k_D(=k_{D(obs)}/[OD])$ 及反应速率表达式：

$$\text{重氢化反应速率}=k_D[\text{配合物}][OD^-] \tag{11-9}$$

三、实验仪器和药品

1. 仪器

阴离子交换柱(ϕ 2.5×30 cm)、旋转蒸发器、抽滤装置、紫外可见分光光度计、核磁共振仪、元素分析仪、高效液相色谱仪、冰箱。

2. 药品

碳酸钴($CoCO_3$)、乙酸钴 $Co(CH_3COO)_2 \cdot 4H_2O$、草酸钾($K_2C_2O_4 \cdot H_2O$)、草酸($H_2C_2O_4 \cdot 2H_2O$)、甲基乙二铵(Me-en)、二氧化铅($PbO_2$)、碳酸钠、氯化钠、盐酸、乙醇、丙酮、乙腈、重水、氘代盐酸(DCl)、四甲基硅烷(TMS)、四正丁基氯化铵($[(CH_3(CH_2)_3)_4NCl]$)、磷酸盐酸缓冲溶液(pH:7.0～8.0)、冰醋酸、强碱性阴离子交换树脂(Dowex 1×8,100～200 mesh)、强碱性阴离子交换树脂(717)。

四、实验步骤

1. 化合物 Na[Co(ox)$_2$(Me-en)]的合成

(1) 方法一

① 化合物 $K_3[Co(ox)_3] \cdot 3H_2O$的合成

取 12.6 g(0.1 mol)$H_2C_2O_4 \cdot 2H_2O$ 和 36.9 g(0.2 mol)$K_2C_2O_4$ 加热溶于 250 mL 水中,向该水溶液中分批加入 11.9 g(0.1 mol)碳酸钴,并使其溶解。将溶液温度降至 40℃后缓慢加入 11.9 g(0.05 mol)PbO_2,再滴加 12.5 mL(0.2 mol)冰醋酸,继续搅拌 1 h。过滤去除未反应的 PbO_2 得到深绿色的滤液。向滤液中加入 250 mL 乙醇得到绿色的 $K_3[Co(ox)_3] \cdot 3H_2O$。计算产率。

② 化合物 Na[Co(ox)$_2$(Me-en)]的合成

取 3.7 g(9.4 mmol)$K_3[Co(ox)_3] \cdot 3H_2O$ 溶于 80 mL 水中,另取 0.84 g(11.3 mmol) Me-en 溶于 20 mL 水,将两溶液混合、在室温下反应 20 h,过滤,将紫色滤液用蒸馏水稀释至 1 000 mL 后用阴离子交换树脂柱(Dowex 1×8,100～200 mesh,ϕ 2.5×30 cm)分离,淋洗液为 0.15 $mol \cdot L^{-1}$ NaCl 溶液。收集紫色色带的洗脱液,减压浓缩,去除 KCl 和 NaCl,得到 $\Delta(R)\Lambda(S)$和 $\Delta(S)\Lambda(R)$的 Na[Co(ox)$_2$(Me-en)]的混合物晶体。计算混合物晶体的产率。

(2) 方法二

将 2 g (8 mmol)的乙酸钴 $Co(CH_3COO)_2 \cdot 4H_2O$ (M=249.08)和 4 g (21.7 mmol)草酸钾($K_2C_2O_4 \cdot H_2O$)(M=184.23)溶于 40 mL 水后,在搅拌的同时滴加 0.60 g (8 mmol)甲基乙二胺(M=74.13)。用稀盐酸 (6 $mol \cdot L^{-1}$)调节溶液的 pH=5,分批加入 6 g PbO_2。将反应混合物在搅拌的同时水浴加热(70℃)约 30 min,趁热过滤,将滤液用水稀释至 10 倍体积后,以强碱性阴离子交换树脂(717)柱(ϕ 2.5 cm×30 cm)提纯和分离配合物,淋洗液为 0.5 $mol \cdot L^{-1}$ NaCl 溶液。收集紫色色带的洗脱液(柱上层为绿色的$[Co(ox)_3]^{3-}$配离子),减压浓缩至少量体积后,加入 30 mL 无水乙醇,使 KCl 和 NaCl 沉淀,过滤去除 KCl 和 NaCl 沉淀。将滤液减压浓缩至少量体积后,冷却,放置,得到 Na[Co(ox)$_2$(Me-en)]的混合晶体,计算混合物晶体的产率。

在方法一和方法二的实验中,对离子交换柱上层强烈吸附了绿色$[Co(ox)_3]^{3-}$配离子的阴离子交换树脂(717)可用如下步骤再生:① 将吸附 $[Co(ox)_3]^{3-}$ 配离子的阴离子交换树脂(717)从柱中取出,浸泡在 1.5 mol·L^{-1} NaCl 溶液中约 1 h,抽滤,用去离子水洗涤;② 将树脂浸泡在 1.5 mol·L^{-1} HCl 溶液中约 1 h,抽滤,用去离子水洗涤;③ 将树脂浸泡在饱和 NaCl 溶液中约 1 h,抽滤,用去离子水洗涤,或将树脂装入离子交换柱中,用饱和 NaCl 溶液淋洗,使树脂充分转变为 Cl^- 离子型。

2. Δ(*R*)Λ(*S*)和 Δ(*S*)Λ(*R*)- Na$[Co(ox)_2(Me\text{-}en)]$ 异构体的分离

取 0.5 gΔ(*R*)Λ(*S*) 和 Δ(*S*)Λ(*R*)- Na$[Co(ox)_2(Me\text{-}en)]$混合物晶体溶于 30 mL 0.02 mol·L^{-1} Na_2CO_3 溶液,室温下反应 30 min 后用蒸馏水稀释至 500 mL,用阴离子交换树脂柱(Dowex1×8,100～200 mesh,ϕ 2.5 cm×30 cm)分离异构体,淋洗液为含 0.04 mol·L^{-1} NaCl 和 0.01 mol·L^{-1} HCl 的溶液。分别收集两个紫色色带的洗脱液,减压浓缩,去除 NaCl,将粗产物在 0.01 mol·L^{-1} HCl 溶液中重结晶得到紫色的 Δ(*R*)Λ(*S*) 和 Δ(*S*)Λ(*R*)- Na$[Co(ox)_2(Me\text{-}en)]$ 异构体晶体。

3. 异构体空间构型的推定

将异构体溶于 D_2O - DCl 中,以 TMS 为内标,测定异构体的甲基质子化学位移。

用^{1}HNMR 方法可推定上述异构体的空间构型。如图 20 - 1 所示,Δ(*R*)和 Λ(*S*)-异构体的手性配位氮上的甲基位于一个 ox 螯合环的上方,由于 ox 螯合环的环电流效应和对外磁场的屏蔽作用使得该甲基的质子(—$NHCH_3$)化学位移移向高场,故将化学位移小的异构体推定 Δ(*R*)和 Λ(*S*)构型。当手性配位氮上的甲基位于一个 ox 螯合环的侧上方时,由于受到螯合环的去屏蔽作用,该甲基的质子(—$NHCH_3$)化学位移移向低场,故将手性配位氮上的甲基质子化学位移大的异构体推定为 Δ(*S*)和 Λ(*R*) 构型。

4. 异构体的元素分析

将制得的 Δ(*R*)Λ(*S*)和 Δ(*S*)Λ(*R*)- Na$[Co(ox)_2(Me\text{-}en)]$ 异构体晶体进行碳、氮、氢元素分析,以确定异构体的化学式及其纯度。

5. 异构体的紫外可见光谱测定

将异构体溶于 20 mL 10^{-2} mol·L^{-1} HCl 中,使异构体浓度为 5×10^{-3} mol·L^{-1},在波长 200～700 nm 范围内测定异构体的紫外可见吸收光谱。画出吸收曲线,记录第一吸收带的最大吸收波长 λ_{max},比较异构体的吸收光谱的差异。

6. 手性配位氮的翻转速率常数测定

将 Δ(*R*)Λ(*S*)或 Δ(*S*)Λ(*R*)-异构体溶于磷酸盐缓冲溶液(pH=7.0～7.7,34.0℃),使配合物的浓度约为 2×10^{-3}mol·L^{-1},间隙取出部分反应溶液,用少量醋酸溶液将反应溶液的 pH 调节为 4～5。用高效液相色谱法进行 Δ(*R*)Λ(*S*)和 Δ(*S*)Λ(*R*)-异构体的分离并测定反应溶液中异构体的色谱峰面积,根据色谱峰面积随时间的变化求得异构体的差向立体异构化速率常数 k_{ep}和手性配位氮原子的翻转速率常数 k_1 和 k_{-1}。高效液相色谱法的实验条件为:色谱柱:SIL C_{18}(ϕ4.6×250 mm);流动相:5×10^{-3} mol·L^{-1} Bu_4NCl 的 CH_3CN - H_2O(10∶90,*V*/*V*)溶液,流速:1 mL·min^{-1};检测波长:260 nm。分别将某一种异构体在三种不同的 pH(在上述 pH 范围内)条件下测定,根据式(11 - 2)的色谱峰面积随时间的变化可测得直线斜率(即 $k_{ep(obs)}$值),由 $k_{ep}=k_{ep(obs)}/[OH^-]$求得不同 pH 条件下的差向立体异构化速率常数 k_{ep},求出 k_{ep}的平均值,进一步求得手性配位氮原子的翻转速率常数 k_1 和 k_{-1}。

7. 手性配位氮的重氢化速率常数测定

分别将 Δ(*R*)Λ(*S*)和 Δ(*S*)Λ(*R*)-异构体溶于磷酸盐- D_2O 缓冲溶液（pD = pH + 0.4 = 5.7 − 6.9，34.0℃），使配合物的浓度约为 0.2 mol·L^{-1}。间隙取出部分反应溶液，用少量 DCl 溶液将反应溶液的 pH 调节为 2～3。用核磁共振仪测定甲基质子(—$NHCH_3$)的核磁共振谱。根据甲基质子的峰面积随时间的变化求出重氢化速率常数 k_D.

五、问题与思考

(1) 在 $K_3[Co(ox)_3]\cdot 3H_2O$ 的合成中，当分批加入碳酸钴并使其溶解后生成何种化合物？

(2) 在 $K_3[Co(ox)_3]\cdot 3H_2O$ 的合成中，加入 PbO_2 和冰醋酸有何作用？

(3) 在合成方法一中，$K_3[Co(ox)_3]$与 Me-en 之间发生何种反应？

(4) 在 Na[Co(ox)$_2$(Me-en)]的合成中，为何要将紫色滤液用蒸馏水稀释至1 000 mL后用阴离子交换树脂柱分离？

(5) 在异构体分离时，为何要将混合物晶体溶于 Na_2CO_3 溶液在室温下反应一定时间后用离子交换法分离异构体？

(6) 用离子交换法分离异构体时为何淋洗液中要含有一定量的盐酸？

(7) 如何计算两种异构体的生成比？

(8) 测定异构体的甲基质子化学位移时为何使用 D_2O - DCl 混合溶剂？

(9) 何为螯合环的环电流效应和对外磁场的屏蔽作用？

(10) 何为螯合环的去屏蔽作用？

(11) 配合物异构体的绝对构型 Δ 和 Λ 是如何确定的？

(12) 手性配位氮原子的构型 R 和 S 是如何确定的？

(13) 如何根据元素分析确定异构体的化学式？

(14) 如何根据元素分析确定异构体的纯度？

(15) 为何分子的紫外可见光谱不是线状光谱而是带状光谱？

(16) 异构体的吸收光谱的差异与异构体的稳定性之间有何关系？

(17) 为何用少量醋酸溶液将间隙取出部分反应溶液的 pH 调节为 4～5 后进行高效液相色谱法测定？

(18) 如何求得手性配位氮原子的翻转速率常数 k_1 和 k_{-1}？

(19) 为何以 Δ(*R*)Λ(*S*)或 Δ(*S*)Λ(*R*)-异构体为起始反应物均可在实验误差范围内得到相同结果？

(20) 为何取出的反应溶液要用 DCl 将 pH 调节为 2～3 后测定其甲基质子的核磁共振谱？

(21) 两种异构体中哪种异构体具有较大的 k_D 值？为什么？

六、参考文献

(1) 卞国庆，纪顺俊. 综合化学实验[M]. 苏州：苏州大学出版社，2007.

(2) Halpern B, Sargeson A M, Turnbull K R. Racemization and deuteration at an asymmetric nitrogen center [J]. J. Am. Chem. Soc., 1966, 88(22): 4630～4636.

(3) Ma G L, Hibino T, Kojima M, Fujita J. Inversion and deuteration at the chiral nitrogen centersof [Co(acac or ox)$_2$(Me-en or Me$_3$en)]$^{+or-}$[J]. Bull. Chem. Soc. Jpn., 1989(62): 1053～1056.

(4) Ma G L, Kojima M, Fujita J. Substituentgroup electronic effects on inversion and proton-exchange rates at chiral nitrogen centers for a series of bis(β-diketonato)-(N-methylethylenediamine) cobalt (Ⅲ) complexes[J]. Bull. Chem. Soc. Jpn., 1989(62): 2547～2552.

(5) 马桂林,许宜铭. [Co(tp)$_2$(Me$_3$-en)]ClO$_4$ 配合物不对称配位氮原子的重氢化研究[J]. 高等学校化学学报,1992,13(3): 288～291.

(6) 日本化学会編. 新実験化学講座(8)無機化合物の合成[Ⅲ][M]. 丸善株式会社, 1975.

(7) 马桂林,黄明昌. [Co(tp)$_2$(Me-en)]ClO$_4$ 配合物不对称配位氮的翻转及重氢化动力学研究[J]. 化学学报,1992,50(2): 262～268.

(8) 马桂林. [Co(tp)$_2$(Me$_3$-en)]ClO$_4$ 手性配位氮的翻转动力学研究[J]. 无机化学学报,2001,17(6): 871～877.

本实验按 60 学时的教学要求,教师可以相应增减内容。

实验 12　N,N-双羟乙基十二烷基醇酰胺的合成、性能及应用

一、实验目的

(1) 了解表面活性剂的概念、分类等概况;学习表面活性剂的制备、性能测定和应用。

(2) 掌握非离子型表面活性剂之一的烷基醇酰胺的合成原理及方法。

(3) 学会氮气包、分水器等常用仪器以及表面张力仪、泡沫测定仪等仪器的使用。

(4) 学会利用表面活性剂制作产品,了解液体香波配方原理及配方中各组分的作用。

二、实验原理

如果某种有机物能溶于水或有机溶剂。即使在浓度很低时就能显著降低两相之间的表面张力(气-液界面)和界面张力(气-固、液-固、液-液等),从而产生润湿、乳化、分散等现象。这种有机物称表面活性剂。

表面活性剂分子一般具有两个不同性质的部分:一部分(即它的一端)是较大的长碳氢链 $CH_3(CH_2)_n$-,不溶于水,故称为憎水基(或亲油基);另一部分(即它的另一端)是水溶性的基团,如羧基—COOH、磺酸基—SO_3H 等,故称亲水基。

表面活性剂的分类有多种方法,最方便的方法是按离子类型分类:

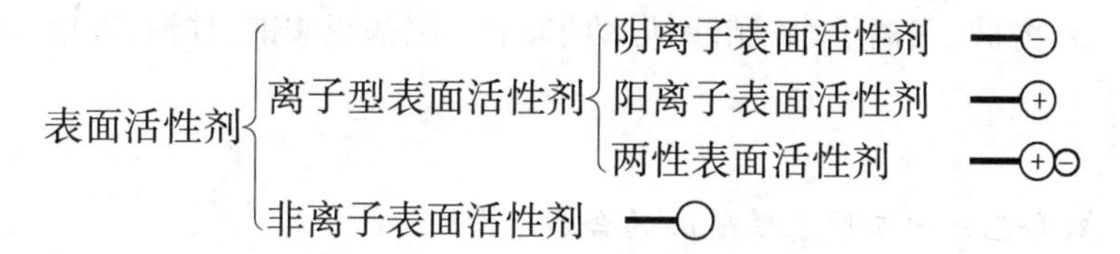

表面活性剂在工业和民用上具有广泛的用途,可以用作乳化剂、润湿剂、渗透剂、分散剂、增溶剂、洗涤剂、柔软剂、匀染剂、缓蚀剂、抗静电剂、杀菌剂和防锈剂等,有"工业味精"之称。

表面张力是液体表面单位长度线段或边界受到的与表面平行或相切的收缩力,与单位表面所具有的表面自由能概念不同,但量纲一致。在很小浓度就能大大降低表面张力是表面活性剂最基本的特性,由此决定了表面活性剂有多功能:润湿、渗透、乳化、分散、增溶、洗涤、起泡、捕集、抗静电、柔软、防水、絮凝、杀菌、缓蚀等。测定表面张力的方法有毛细管上升法、最大压泡法、滴重或滴体积法、吊环法、吊板法等。

当对某液体进行强烈搅拌时,空气进入到液相中,被周围液体薄膜包围,形成气泡。当液体是表面活性溶液时,在搅拌下更易形成气泡。当气泡在溶液内部时,气泡中包围气体的液体薄膜外侧是溶液,内侧是空气,所以表面活性剂分子的亲水端朝溶液,而疏水端指向气泡中心;当气泡受溶液浮力上升至露出液面时,露出部分气泡中液膜两侧接触的都是空气。为尽可能减小基团间的排斥作用,液膜在露出液面时结合了表面吸附定向的表面活性剂分

子,形成双分子膜。双分子膜中两个表面活性剂分子亲水端接近,疏水端分别指向两侧气相;当气泡脱离液面时,形成完整的球形双分子膜。当表面活性剂吸附在气-液界面时,就形成了较牢固的液膜并使表面张力下降,称为表面活性剂的发泡作用。

液体香波主要由表面活性剂、水、助剂组成。

初期的香波,是以脂肪酸皂为主要成分的固体或粉状产品,用这种产品洗发后,金属皂即所谓"皂垢"黏附在头发上,有妨碍头发柔软性的缺点。后来开发了烷基苯磺酸盐和烷基硫酸盐,消除了上述缺点。而且,产品形态也变为胶状(膏状)。现在,从安全性方面要求,以进一步改进的烷基醚硫酸盐为主要成分的产品已成为主流,产品形态几乎都是液体。

香波本身的功能是洗掉头发和头皮上的污垢和皮屑,以保持清洁,但近几年来对香波的要求倾向于多功能,需具有下列性能:① 有适当的去污力,温和的脱脂作用;② 泡沫丰富,细密而且持久;③ 在洗发时用手指搓洗顺畅,容易洗涤;④ 洗后头发有柔软性和光泽,梳理和整发性好;⑤ 不损伤头发,对皮肤和眼睛的安全性高,等等。

按香波所含表面活性剂种类,可分为阴离子型、阳离子型、非离子型、两性离子型香波;按香波具有的功能不同,可分为通用型、药用型、调理型、特殊型香波。

三、实验仪器及药品

1. 仪器

三颈烧瓶、冷凝管、温度计、电热套(与三颈烧瓶配套)、调压器、氮气包、分水器、烧杯、容量瓶、移液管、恒温水浴、表面张力仪、泡沫测定仪、搅拌器、温度计、电炉、石棉网、量筒、烧杯。

2. 药品

月桂酸、二乙醇胺、去离子水、硼砂、尼纳尔、十二烷基硫酸钠、甘油、香精、防腐剂、色素。

四、实验步骤

1. N,N-双羟乙基十二烷基醇酰胺的合成

$$C_{11}H_{23}COOH + 2HN\begin{matrix} \diagup C_2H_4OH \\ \diagdown C_2H_4OH \end{matrix} \longrightarrow C_{11}H_{23}CO—N\begin{matrix} \diagup C_2H_4OH \\ \diagdown C_2H_4OH \end{matrix} \cdot N\begin{matrix} \diagup C_2H_4OH \\ \diagdown C_2H_4OH \end{matrix} + H_2O$$

反应式(1)〔1〕

$$C_{12}H_{23}COOH + HN\begin{matrix} \diagup C_2H_4OH \\ \diagdown C_2H_4OH \end{matrix} \longrightarrow C_{12}H_{23}CO—N\begin{matrix} \diagup C_2H_4OH \\ \diagdown C_2H_4OH \end{matrix} + H_2O$$

反应式(2)〔2〕

---

〔1〕 含氨基和羟基的化合物与脂肪酸反应生成带酰胺基的多元醇型非离子表面活性剂。

〔2〕 从反应式看,好像余下 1 mol 二乙醇胺,但实际上余下的二乙醇胺已经与生成的月桂酸二乙醇酰胺结合,因此,它具有良好的水溶性。上述反应为 1 mol 脂肪酸和 2 mol 二乙醇胺反应故称为 1∶2 型烷基醇酰胺。还有一种称为 1∶1 型烷基醇酰胺,见反应式(2)。

在 250 mL 三颈烧瓶配上搅拌器、分水器(分水器上配冷凝管)、橡皮塞(橡皮塞上打两个孔,一孔配上温度计,一孔配上通氮气[1]的玻璃弯管)。在三颈烧瓶中加入 18.85 g 月桂酸(0.085 mol),17.5 g 二乙醇胺(16 mL,0.17 mol)。反应物加热到 120℃,通入氮气,反应 0.5 h,继续加热到 160℃,在 160℃反应并从分水器中释放出的水量来判断反应是否完成(约 1.5 h)[2]。当理论量的水量(0.085 mol,1.5 mL)已经释放出来(当然也应考虑到二乙醇胺中存在的任何水分),并且已经确定体系中无水释放出来时停止加热(约 2 h),冷却,出料。

2. N,N-双羟乙基十二烷基醇酰胺的性能

(1) 溶液的配制

用去离子水准确配制一定浓度的 N,N-双羟乙基十二烷基醇酰胺溶液各 100 mL。调节恒温水浴温度至 25℃或其他合适温度。

(2) 表面张力测定

按表面张力仪的操作规范[3]测定一系列浓度 N,N-双羟乙基十二烷基醇酰胺水溶液的表面张力。

数据处理:作出表面张力与浓度的关系图。

(3) 发泡性能测定

按泡沫测定仪的操作规范[4]测定一系列浓度 N,N-双羟乙基十二烷基醇酰胺水溶液的泡沫高度和稳定时间。

评价 N,N-双羟乙基十二烷基醇酰胺的发泡性能。

3. N,N-双羟乙基十二烷基醇酰胺的应用——液体香波的配制

在 250 mL 烧杯中,称取 2.3 g 尼纳尔,1.25 g 甘油,加 30 mL 去离子水于烧杯中,在搅拌下加热至 45～50℃,称取 0.25 g 硼砂,加到液体中,继续搅拌,再称 3.5 g 十二烷基硫酸钠,加到盛液体的烧杯中,在 45～50℃下继续搅拌,直至固体全部溶解为透明液体,pH=6～7[5],加少量防腐剂,待溶解后,加 1 滴色素,搅拌均匀,冷至室温后,加 1 滴香精,搅拌均匀,装入合适的容器中。

五、问题与思考

(1) 在合成实验中,除主反应外,还可能发生哪些副反应?

(2) 烷基醇酰胺的商品名是什么?举例说明烷基醇酰胺的应用,你在生活中使用过没有?

(3) 水溶液表面张力随溶质浓度变化有哪几种情况?

(4) 为什么表面活性剂溶液产生的泡沫能维持一段时间?

(5) 除发泡、增稠外,表面活性剂还有哪些应用性能?

---

[1] 氮气包充氮气时,要严格按照钢瓶使用方法使用钢瓶。

[2] 本反应属高温反应,注意防火。

[3] 表面张力仪属精密仪器,要严格按照规范操作。

[4] 泡沫测定仪为较大型的玻璃仪器,操作时要小心。

[5] 必须搅拌混合均匀并控制 pH 呈中性。

(6) 配方中加入尼纳尔的作用是什么?

六、参考文献

(1) 卞国庆,纪顺俊.综合化学实验[M].苏州:苏州大学出版社,2007.
(2) 赵何为,朱承炎.精细化工专业实验[M].上海:华东化工学院出版社,1994.
(3) 程侣柏.精细化工产品的合成及应用(第三版)[M].辽宁:大连理工大学出版社,2002.
(4) 复旦大学等.物理化学实验(第二版)[M].北京:高等教育出版社,1993.
(5) 王世荣,李祥高,刘东志.表面活性剂化学[M].北京:化学工业出版社,2005.
(6) 钟振声,章莉娟.表面活性剂在化妆品中的应用[M].北京:化学工业出版社,2003.
(7) 赵寒冬,王建新.N-十二烷基葡糖酰甲胺香波体系的泡沫及增稠性能[J].日用化学工业,2005,35(1):66~68.
(8) 张波,王洪国,廖克俭等.中草药系列洗发香波工艺技术开发[J].香料香精化妆品,2005(5):17~20.

本实验按60学时的教学要求,教师可以相应增减内容。

实验13 (S)-二苯基-2-四氢吡咯基甲醇的合成及其应用

一、实验目的

(1) 掌握溶剂提纯的方法。

(2) 练习手性化合物的合成和分离技术。

(3) 熟悉手性化合物的不对称诱导能力和反应机理。

二、实验原理

对两个具有相同分子式的化合物,分子内所有原子的连接次序也完全相同,但它们的三维结构却不能完全重叠,而是存在实物和镜像的关系,这种关系与人的左右手间的关系一致,所以被称之为手性(chirality),或称为对映关系(enantiomeric)。具有手性关系的分子中一般存在手性中心、手性轴或手性面等不对称因素。分子中手性中心的原子为碳,即称为手性碳原子。

手性化合物对生命科学、材料科学、信息科学等的发展有非常重要意义。在自然界广泛存在的糖类化合物、氨基酸,以及生物体中几乎所有化合物都是手性化合物。

Morrison 和 Mosher 提出了一个广泛的不对称合成的定义:一类反应,其中底物分子整体内的非手性单元经过反应剂作用,不等量地生成立体异构体产物的手性单元。也就是说,不对称合成是这样一个过程,它将潜手性单元转化为手性单元,使得产生不等量的立体异构产物。目前大家所熟悉的不对称合成的概念,如最初由 Marckwald 所定义的,它是一个用纯手性试剂通过与非手性底物的反应形成光学活性化合物的过程。

不对称合成涉及的是如何在反应底物分子内形成新的手性单元。按照手性基团的提供方式及其在合成过程中的变化情况,不对称合成可分为四大类:

① 底物控制法

手性底物(S^*)+非手性试剂(R)⟶手性产物(P^*)

② 辅基控制法

手性底物(S^*)+非手性试剂(R)+手性辅基(A^*)⟶手性产物(P^*)

③ 试剂控制法

非手性底物(S)+手性试剂(R^*)⟶手性产物(P^*)

④ 催化剂控制法

非手性底物(S)+非手性试剂(R)+手性催化剂(A^*)⟶手性产物(P^*)

另外,按照反应类型,不对称合成可以分为:羰基不对称还原、烯烃不对称氢化、不对称烯反应、不对称 Diels-Alder 反应、不对称 aza-Diels-Alder 反应、不对称 Michael 加成、不对称氢甲酰化、不对称烷基化、不对称氧化、不对称环氧化、不对称 Aldol 反应等。

本实验主要是采用第一种合成方法——底物控制法合成手性化合物(S)-二苯基-2-四氢吡咯基甲醇,并以此作为手性催化剂应用第四种方法——催化剂控制法和羰基不对称硼烷还原反应来合成手性二级醇。其不对称反应机理如图 13-1。

在这个不对称催化反应过程中,首先是由手性氨基醇和一分子的硼烷形成手性噁唑硼烷(Ⅰ),由于氮原子的富电子性和硼原子的缺电子性,使得手性噁唑硼烷(Ⅰ)可以与等摩尔的硼烷原位形成路易斯酸碱的加成物(Ⅱ);同样由于潜手性酮的羰基氧原子的富电子性和手性噁唑硼烷中硼原子的缺电子性,使得噁唑硼烷上的硼原子也可以和潜手性酮配合,同时由于手性催化剂的一定空间位阻影响,要求潜手性酮、硼烷都只能以某种特定的方向和手性噁唑硼烷配合起来,然后硼烷上的氢原子经过六元环过渡态(Ⅲ)从一个特定的方向转移到羰基碳上,接下来手性噁唑硼烷可以释放出产物——手性仲醇,完成一轮不对称催化还原反应,又参与下一轮的不对称催化反应。反应式为:

(Ⅰ) $\xrightarrow{BH_3}$ (Ⅱ) $\xrightarrow{R_SCOR_L}$ (Ⅲ)

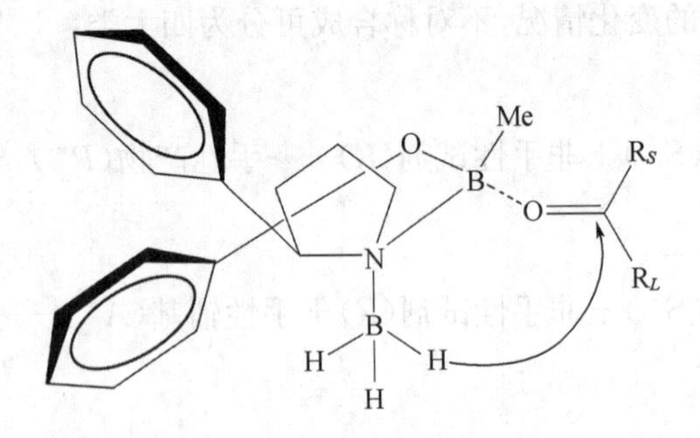

图 13-1

如图 13-1 所示,在不对称催化反应的过程中,首先由手性噁唑硼烷把潜手性酮和还原剂拉在一起,使反应速度加快;并且由于催化剂的立体空间位阻的控制,潜手性酮和还原剂以一定的方向接近,使反应具有立体选择性,产生手性产物;待反应结束时,催化剂又将产物释放，而本身仍具催化活性，这种催化剂具有类似酶的行为，使手性噁唑硼烷又被称为“分子机器人”或“化学酶”。这种催化剂是由 Corey，Bakshi 和 Shibata 三人发展完善的，故又称为 CBS 催化剂，这种不对称还原反应被称为 CBS 法。

三、实验仪器与药品

1. 仪器

三颈烧瓶(250 mL，19#)、量筒(50 mL)、磁力搅拌器、滴液漏斗(14#)、旋转蒸发仪、分液漏斗(250 mL)、烧杯(250 mL×2)、布氏漏斗及抽滤瓶、中试管、冰浴、氮气钢瓶、层析柱、19# 回流冷凝管、油浴、熔点测定仪、旋光光度仪、红外光谱仪、核磁共振仪、高压液相色谱仪(含手性分离柱)。

2. 药品

L-脯氨酸、无水甲醇、无水硫酸钠、石油醚、氯化铵、氢氧化钾、镁条、无水乙醚、石油醚、乙酸乙酯、溴苯、乙醚、食盐、氯甲酸乙酯、苯乙酮、四氢呋喃、无水硫酸钠、无水碳酸钾、BH_3 - THF。

四、实验步骤

1. (S)-N-乙氧羰基脯氨酸甲酯((S)-N-ethylcarbamateproline methyl ester)

250 mL 三颈烧瓶中加入 L-脯氨酸(2.8 g，25 mmol)，无水甲醇(50 mL)和无水碳酸钾(6.4 g，100 mmol)，冰浴冷却，搅拌下缓慢滴加氯甲酸乙酯(6.3 g，55 mmol)，约 1 h 加完后继续在冰-水浴中搅拌 9 h，室温搅拌 1 天。旋转蒸发去除溶剂，残余物用乙酸乙酯(50 mL)溶解，过滤除去沉淀，滤液用饱和食盐水洗涤，无水硫酸钠干燥，旋转蒸发除去溶剂，得无色油状物。反应式为

N　CO_2H　H　$\xrightarrow[CH_3OH/K_2CO_3]{ClCOOEt}$　N　CO_2CH_3　CO_2Et　1

2. (S)-1-(2-苯羟甲基四氢吡咯)甲酸乙酯(Ethyl (S)-2-[hydroxyl(diphenyl)methyl]pyrrolidine-1-carboxylate)

反应在干燥的氮气保护下进行，250 mL 三颈烧瓶中将镁条(1.06 g，52.0 mmol)和溴苯(7.86 g，50.0 mmol)按常规操作在无水 THF(或乙醚)中制成 Grignard 试剂。冰浴冷却下滴加(S)-N-乙氧羰基脯氨酸甲酯(2.82 g，14.0 mmol)的 THF(或乙醚)溶液，加完后冰浴搅拌 3 h。将反应物搅拌下倒入冰冷的氯化铵饱和水溶液(100 mL)中，分液，水层用 THF(或乙醚)萃取(30 mL×3)，合并有机相，用饱和食盐水(30 mL×3)洗涤，无水硫酸钠干燥，旋转蒸发除去溶剂，残余物用乙酸乙酯/石油醚重结晶，得白色晶体。计算产率，测定熔点。反应式为：

N　CO_2CH_3　CO_2Et　1　$\xrightarrow{PhMgBr/THF}$　N　Ph　Ph　OH　CO_2Et　2

3. (S)-二苯基-2-四氢吡咯基甲醇

100 mL 烧瓶中，将(S)-1-(2-苯羟甲基四氢吡咯)甲酸乙酯(3.61 g，11.1 mmol)溶于30 mL 无水甲醇，加入氢氧化钾(6.2 g，111 mmol)，回流 12 h，蒸去甲醇，加入 30 mL 水，用乙醚萃取(15 mL×3)，合并有机相，饱和食盐水(15 mL×3)洗涤，无水硫酸钠干燥，旋转蒸发除去溶剂，残余物加入 10 mL 石油醚，重新旋转蒸发，得白色固体 2.6 g，可直接用于下一步反应，分析样品用石油醚重结晶提纯。反应式为：

2 $\xrightarrow{KOH/CH_3OH}$ 3

4. 硼烷还原酮的一般过程

反应在干燥氮气气氛下进行，所用仪器在抽真空下用火焰干燥。将 50 mL 三颈瓶配以磁力搅拌和两个恒压漏斗。向反应器中加入(S)-二苯基-2-四氢吡咯基甲醇(0.1 mol)，2 mL THF 及 BH_3-THF(0.1 mol)，室温下搅拌 15 min。自恒压漏斗分别同时递加苯乙酮(0.1 mol)，的四氢呋喃溶液和 BH_3-THF(1 mol)溶液。30 min 左右滴完。滴完后室温搅拌1 h 左右，检测反应是否完全。反应完成后冰浴冷却下加入 5 mL 甲醇再搅拌 15 min 以猝灭反应。旋转浓缩除去溶剂。柱层析进一步纯化得光化学活性二级醇。反应式为：

$\xrightarrow[BH_3/THF]{Chiral\ Amino\ Alcohol}$

五、性质的测定

1. 测定各化合物的熔点

(S)-1-(2-苯羟甲基四氢吡咯)甲酸乙酯 (lit. 115～116.5℃)；

(S)-二苯基-2-四氢吡咯基甲醇(76～77.5℃)。

2. 测定各化合物的旋光度

(S)-1-(2-苯羟甲基四氢吡咯)甲酸乙酯 $[\alpha]_D^{25}$ −61.4(c5.0，EtOAc)；

(S)-二苯基-2-四氢吡咯基甲醇 $[\alpha]_D^{25}$ −65.8 (c3.0，CH_3OH)。

3. 测定各化合物的红外光谱：KBr 压片法

4. 测定各化合物的 ^1H NMR

(S)-1-(2-苯羟甲基四氢吡咯)甲酸乙酯 ^1H NMR(400 MHz，$CDCl_3$)δ：1.25(t，3H)，2.1～2.4(m，4 H)，3.05(m，2 H)，3.4(m，1 H)，4.16(q，2 H)，4.97(m，1 H)，7.40～7.68(m，10 H)；

(S)-二苯基-2-四氢吡咯基甲醇 ^1H NMR(400 MHz，$CDCl_3$)δ：1.27～1.74(m，4 H)，2.73～3.30(m，3 H)，4.32(m，1 H)，7.0～7.72(m，10 H)。

六、问题与讨论

(1) 第一步反应涉及了哪几个反应过程？

(2) 第二步反应应该重点注意的方面是什么？从哪几个方面进行考虑？

(3) 为什么第二步反应的底物中有两个酯基，只有一个酯基发生反应？

(4) 第三步反应为什么在甲醇溶液中进行反应？

(5) 根据你对硼烷还原反应的认识，请说说在该过程中有什么注意点？

(6) 甲醇在硼烷还原反应中起什么作用？

七、参考文献

(1) 卞国庆，纪顺俊. 综合化学实验[M]. 苏州：苏州大学出版社，2007.

(2) Corey, E. J.; Azimiora, M.; Sarshar, S. *Tetrahedron Lett*. 1992(33): 3429.

(3) Demir, A. S.; Mecito glu, I.; Tanyeli, C.; Gulbeyaz, V. Enantioselective Reduction of Ketones with Borane Catalyzed by Cyclic β-Amino Alcohols Prepared from Proline[J]. Tetrahedron: Asymmetry, 1996(7): 3359～3346.

(4) Kanth, J. V.; Periasamy, M. Convenient Method for the Synthesis of Chiral α,α-Diphenyl-2-pyrrolidinemethanol[J]. Tetrahedron, 1993, 49(23): 5127～5132.

本实验按60学时的教学要求，教师可以相应增减内容。

实验 14　二茂铁衍生物的合成及物性研究

一、实验目的

(1) 学会制备原料二茂铁甲醛，了解并掌握甲酰化反应的机理与实验操作。

(2) 学会制备乙酰基二茂铁的方法，了解并掌握 Friedel-Crafts 反应的机理和实验方法。

(3) 了解并掌握羟醛缩合反应的机理和实验方法。

(4) 学习并掌握柱层析分离有机物的方法和操作以及使用 TLC(Thin Layer Chromatography)来监测反应进程的方法。

(5) 学习并掌握重结晶、超声波反应的实验操作。

二、实验原理

自 1951 年 Kealy 和 Pauson 首次合成二茂铁以来，由于其基团具有芳香性、氧化还原性、稳定性及低毒性，从而激发了化学家们的极大兴趣。此后，二茂铁化学发展迅速，二茂铁及其衍生物的合成、性质与结构的研究工作异常活跃，二茂铁衍生物、类似物新物种层出不穷，不断拓宽了金属有机化学研究的范畴，开辟了金属有机化学的一个新领域。至今，二茂铁及其衍生物的合成和应用仍然是金属有机化学中一个非常活跃的领域。

二茂铁及其衍生物具有特殊的化学结构，使其在物理、化学方面具有一些独特的性质，在多个领域有着广阔的应用前景。如二茂铁及其衍生物在催化、电化学、功能材料、医药、添加剂等方面有很重要的应用。

将二茂铁基引入不同的分子，以期得到新的具有特殊性能的化合物是近年来二茂铁化学研究的一个热点。本实验由二茂铁取代的 α,β-不饱和羰基化合物出发，设计并合成一系列二茂铁衍生物，同时尝试寻求更为简便、高效的合成手段。

三、实验仪器与药品

1. 仪器

量筒(10 mL、50 mL、100 mL)、烧杯(250 mL×2、100 mL×2)、锥形瓶(10 mL×1、50 mL×2)、三颈烧瓶(250 mL，19#)、圆底烧瓶(250 mL，19#)、茄型烧瓶(250 mL，24#)、球形冷凝管(19# ×1)、刺型分馏柱、接液管及接收器(1 套)、滴液漏斗(14#)、分液漏斗(250 mL)、干燥管(19#)、导气管(14# ×2、19# ×1)、弯管塞(24#)、色谱柱(19#)、温度计(100℃、250℃)、结晶皿(15 cm)、TLC 点滴板、布氏漏斗及抽滤瓶、冰浴、油浴、惰性气体钢瓶、磁力搅拌装置、旋转蒸发仪、超声波发生器、熔点测定仪、电化学工作站、红外光谱仪、紫外光谱仪、荧光仪、核磁共振仪、元素分析仪。

2. 药品

盐酸、磷酸、NaOH、KOH、醋酸钠、碳酸钠、氯化亚铁、无水硫酸镁、无水氯化钙、环戊二烯、聚乙二醇、氯仿、DMF、乙醚、乙酸酐、正己烷、丙酮、乙醇(无水、95%)、DMSO、金属钠、乙酸乙酯、石油醚、丙二腈、苯甲醛、三氯氧磷、吡啶醛、活性炭。

四、实验步骤

1. 环戊二烯单体的制备

市售的环戊二烯都是二聚体,将二聚体加热到 170℃ 以上就可以热分裂为环戊二烯单体。用一支 200 mm 长的刺形分馏柱,缓慢地进行分馏即可分出环戊二烯单体(b. p.:42℃)。热分裂反应开始加热要慢,控制分馏柱顶端温度不超过 45℃。环戊二烯的接收器要放在冰水浴中。蒸馏出的环戊二烯要尽快使用,最好在 1 h 内使用完毕(如暂时不用,应放入冰箱中,一般在 0℃以下能保存一周左右)。

2. 相转移催化法合成二茂铁

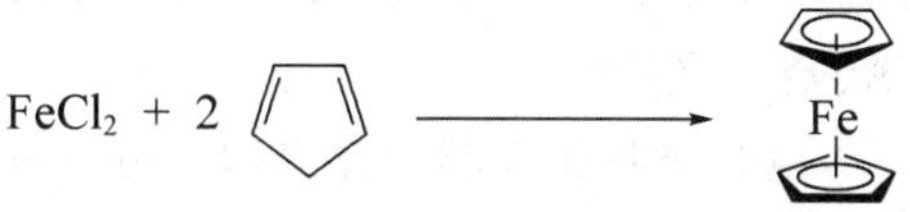

$FeCl_2$ + 2 (1) ⟶ Fe (2)

1　　2

在 250 mL 三颈烧瓶中加入 90 mL 二甲亚砜(有毒,切勿接触皮肤!),1.8 mL 聚乙二醇及 22.5 g 研成粉状的氢氧化钠,然后插入通氮导管,用氮气驱除反应瓶里的空气[1],在 25～30℃ 温度下开动搅拌器,搅拌 15 min 后加入 8.25 mL(0.1 mol)新解聚的环戊二烯和 9.75 g(48 mmol)四水合氯化亚铁[2]。在氮气气氛下剧烈搅拌反应 1 h,暗灰色的反应混合物边搅拌边倾入 150 mL 18%的盐酸和 150 g 冰的混合物中,此时即有固体产生,放置 1～2 h,把析出的固体抽滤,并用水充分洗涤晾干粗产品,产率 85%～90%。

如所得产物颜色较深,可将粗产品通过装有氧化铝的层析柱进行纯化[3],用 50%乙醚-石油醚混合液作为洗脱剂,所得溶液蒸发去除溶剂后,可得具有樟脑气味的橙黄色二茂铁,测定熔点(理论为 173～174℃)、红外光谱、紫外光谱、荧光光谱等。

---

〔1〕 如不使用氮气保护,可在反应瓶中加入 5 mL 无水乙醚,除去瓶内空气以保证反应在无氧条件下进行,可获得同样结果。

〔2〕 久置的氯化亚铁可能含有较多的三价铁,可将这种亚铁先用工业乙醇洗三次,再用乙醚洗涤一下,于滤纸上压干后立即使用。或者用下面的方法合成四水氯化亚铁($FeCl_2 \cdot 4H_2O$):500 mL 烧杯中加入相对密度 1.12 的浓盐酸 100 mL,慢慢的分批加入还原铁粉 35 g,反应产生的氢气形成厚厚的一层泡沫。反应停止后,将液体加热到沸腾(反应放出氢气,极易着火!),并趁热抽滤,抽滤瓶事先用浓盐酸洗涤过,漏斗用热水温热,并用耐酸滤纸过滤。将滤液用冰冷却,得到淡绿色 $FeCl_2 \cdot 4H_2O$ 晶体,抽滤后用滤纸吸干晶体。为防止氧化,氯化亚铁应置于惰性气氛中保护或立即用于二茂铁的合成。

〔3〕 二茂铁的纯化,还可用升华及重结晶的方法。升华法可如下操作:将粗产品置于蒸发皿中,用一张刺有小孔的圆滤纸把短颈漏斗的口包起来,然后将它倒合在蒸发皿上,漏斗颈部可塞上一团疏松的棉花。在沙浴或石棉网上将蒸发皿加热,控制地升高温度,在 100℃ 左右,二茂铁升华,在漏斗壁上冷凝结晶为金黄色的片状晶体(文献报道产率为 73%～84%)。

3. 二茂铁甲醛的制备

$$\text{二茂铁 (2)} \xrightarrow[\text{CHCl}_3]{\text{POCl}_3\text{,DMF}} \text{二茂铁甲醛 (3)}$$

称量 2.9 g 的二茂铁(15 mmol)于 250 mL 的三颈烧瓶中，加入 20 mL 氯仿使之溶解，然后加入 2.2 g DMF(30 mmol)，降温至 0℃，并在 0℃和氮气保护下慢慢滴加 2.9 mL 三氯氧磷(30 mmol)[1]。滴加完毕，油浴加热到 60℃，回流过夜。反应结束后，降温到室温，减压蒸去氯仿，残余物倒入冰水中，搅拌数分钟，过滤。向所得的滤液中加入适量的醋酸钠，然后再加入碳酸钠中和至无气泡产生。乙醚萃取三次，最后将乙醚层合并，无水硫酸镁干燥，过滤，浓缩，得到固体产品晾干，即为二茂铁甲醛，计算产率，测量熔点(文献值 118～120℃)、红外光谱、紫外光谱、荧光光谱等。

4. 二茂铁取代的 α,β-不饱和羰基化合物的合成(4 - ferrocenyl - 3 - buten - 2 - one)

$$\text{3} \xrightarrow[\text{acetone}]{\text{KOH(aqueous)}} \text{4}$$

称取 2.5 g 二茂铁甲醛，倒至圆底烧瓶，加入 90 mL 丙酮，搅拌溶解，降温至 0℃，慢慢加入氢氧化钾溶液(2.7 g KOH / 80 mL H_2O)，滴加完毕后，在 0℃条件下搅拌，TLC 监测，约 2 h，反应结束后，加入 30 mL 水，搅拌静置，倒去上层清液，将下层固体及液体的混合物抽滤，水洗涤，得到粗产品，可用乙醇重结晶进一步纯化。计算产率，测定熔点、红外光谱、紫外光谱、荧光光谱等。

5. 多共轭二茂铁取代的查尔酮(1 - phenyl - 5 - ferrocenyl - penta - 1,4 - dien - 3 - one)的合成

$$\text{4} + \text{C}_6\text{H}_5\text{CHO} \xrightarrow[\text{alcohol}]{\text{KOH}} \text{5}$$

在一个 50 mL 的锥形瓶中加入上一步所得二茂铁取代的 α,β-不饱和羰基化合物 0.912 g (4 mmol)、乙醇 15 mL、KOH(0.269 g,4.8 mmol)、4.4 mmol 苯甲醛，然后将反应瓶放入超声波发生器的水槽中，开启发生器在室温下反应(反应温度由定时换水来调节，TLC 跟踪反应进程)。反应结束后，将整个体系转移到圆底烧瓶中，在真空减压旋转蒸发仪上除去溶剂，所得固体中加入 15 mL 冷水，搅拌，抽滤收集所得产物，用冷水清洗，晾干。所

[1] 滴加三氯氧磷时需慢慢滴加，并保持在 0℃。保持整个反应体系干燥。三氯氧磷有毒注意安全使用、保管。

得固体可通过乙醇重结晶进一步纯化。红色固体，计算产率，测定熔点（理论：155～156℃）、红外光谱、紫外光谱、荧光光谱等。

6. 乙酰基二茂铁的制备

$$\mathbf{2}\xrightarrow[H_3PO_4]{(CH_3CO)_2O}\mathbf{6}$$

称取 6 g 二茂铁于三颈烧瓶中，加入 20 mL 乙酸酐，搅拌，冰水浴下滴加磷酸 4 mL，滴加完毕后，水浴加热到 40℃，待产物溶解后升温到 80℃[1]，并保持 10 min，可以用 TLC 监测，停止加热后，冷却到室温，将产物倒入 100 g 碎冰中，搅拌，用 KOH 或 NaOH 的浓溶液中和，静置，抽虑，用水洗涤，得到的产品晾干。

晾干的产品加入 50 mL 的正己烷，水浴加热至沸，并保持数分钟，趁热倒出上层液体，在倒出的液体中加入活性炭，煮沸并保持数分钟，趁热过滤[2]，滤液静置过夜，析出晶体，过滤，少量正己烷洗涤，得到的产品晾干，即为乙酰基二茂铁，测定熔点（文献值 81～83℃）、红外光谱、紫外光谱、荧光光谱等。

7. 二茂铁取代的查尔酮的合成

$$\mathbf{6} + C_6H_5CHO \xrightarrow[alcohol]{KOH} \mathbf{7}$$

查阅相关文献，参照类似物的合成法合成红色固体化合物 7。计算其产率，测定熔点（理论值为 139～140℃）、红外光谱、紫外光谱、荧光光谱等。

8. 二茂铁取代的吡啶衍生物的合成（2 - ethoxy - 4 - phenyl - 6 - ferrocenyl-nicotinonitrile）

$$\mathbf{7} + CH_2(CN)_2 \xrightarrow[US]{EtONa/EtOH} \mathbf{8}$$

量取 5 mL 无水乙醇于锥形瓶中，并加入金属钠（23 mg，1 mmol）得到乙醇钠的乙醇溶液[3]，然后再称取相应的查尔酮（0. 157 g，0. 5 mmol）和丙二氰（0. 033 g，0. 5 mmol），一并加入反应瓶，置于超声波仪器中反应，控制温度在 50～60℃，反应过程用 TLC 监测，4 h 反

[1] 升温至 80℃要迅速。

[2] 热过滤时要迅速，小心大量的产物析出，影响收率。

[3] 称取金属钠时要注意操作安全。间歇测量超声波发生器的水温，控制其温度。

应完全,将反应液转到圆底烧瓶,减压浓缩,柱层析分离,洗脱溶剂为乙酸乙酯∶石油醚＝1∶6。计算产率,测定熔点(理论值110～111℃)、红外光谱、紫外光谱、荧光光谱等。

9. 二茂铁取代的吡啶衍生物的合成(2 - ethoxy - 4 - phenyl - 6 - ferrocenyl-nicotinonitrile)

6 + 2-吡啶甲醛(CHO) $\xrightarrow[\text{alcohol}]{\text{KOH}}$ 9

查阅相关文献,参照类似物的合成法合成红色固体化合物9。计算其产率,测定熔点、红外光谱、紫外光谱、荧光光谱等。

10. 二茂铁取代的吡啶衍生物的合成(2 - ethoxy - 4 -(2 - pyridyl)- 6 - ferrocenyl-pyridine)

9 + $CH_2(CN)_2$ $\xrightarrow[\text{US}]{\text{EtONa/EtOH}}$ 10 (OEt)

查阅相关文献,参照类似物的合成法合成红色固体化合物10。计算其产率,测定熔点、红外光谱、紫外光谱、荧光光谱等。

11. 二茂铁衍生物的性质研究

(1) 查阅文献,选择适当的一种溶剂,测试并比较两组化合物(化合物2～6以及化合物6～10)的电化学行为(循环伏安法),总结电化学行为与结构的关系,并加以解释。

(2) 查阅相关文献,选择恰当的一种溶剂,测试化合物2～10的荧光光谱并加以比较,研究其荧光性质与结构的关系,并加以解释。

五、问题与讨论

(1) 环戊二烯的二聚属于哪一类反应,环戊二烯的解聚又属于哪一类反应?

(2) 为什么环戊二烯的接收器要放在冰水浴中?

(3) 二茂铁具有怎样的化学结构?属于哪一类化合物?

(4) 二茂铁合成实验中,环戊二烯与氯化亚铁的摩尔比是多少?

(5) 在二茂铁甲醛准备中,后处理为什么加入碳酸钠?改为用NaOH中和是否可行,为什么?并写出该甲酰化反应的机理。

(6) 除了可以使用超声波促进的方法制备二茂铁取代α,β-不饱和酮,是否还有别的方法,请举例并试分析其优缺点?

(7) 把二茂铁取代的查尔酮的合成实验中TLC监测的数据记录下来且进行比较。

(8) 给傅-克酰基化和烷基化反应(Friedel-Crafts Acylation & alkylation reaction)各举

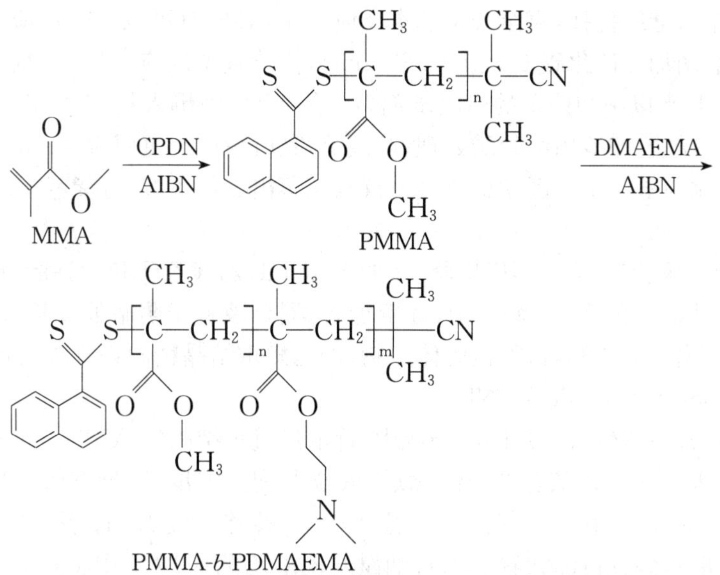

反应式 2:嵌段共聚物 PMMA-*b*-PDMAEMA 的合成路线

三、实验仪器与药品

1. 仪器

三颈烧瓶、单颈烧瓶、恒压滴液漏斗、氮气包、氩气包、分液漏斗、安培瓶、搅拌器、温控仪、旋转蒸发仪、电子天平、真空干燥箱、傅里叶变换红外光谱仪、核磁共振仪、凝胶色谱仪(GPC)、透射电镜(TEM)。

2. 药品

α-溴萘、镁条、二硫化碳、碘、偶氮二异丁腈(AIBN)、甲基丙烯酸甲酯(MMA)、甲基丙烯酸—N、N′二甲胺基乙酯、四氢呋喃、乙酸乙酯、石油醚(60～90℃)、无水乙醇、甲醇、盐酸、二氯甲烷、无水硫酸钠、无水硫酸镁。

四、实验步骤

1. 单体和引发剂的精制

偶氮二异丁腈(AIBN):将 4 g AIBN 溶于 40 mL 95%热乙醇中,趁热抽滤,滤液冷却后产生白色结晶,静置 30 min 后用布氏漏斗抽滤,滤饼置于真空干燥箱中干燥。精制后的 AIBN 置于棕色瓶中低温保存备用。

甲基丙烯酸甲酯:先用质量分数 5%的 NaOH 溶液洗涤 3 次,静置分液;再用蒸馏水洗至中性,用无水 Na_2SO_4 干燥所得单体;再减压蒸馏。所得精制单体密封低温保存备用。

甲基丙烯酸- N,N′二甲胺基乙酯:将单体经过活化的中性氧化铝柱子后低温保存备用。

2. 二硫代萘甲酸异丁腈酯(CPDN)的合成

将 2 g 镁条(0. 083 mol)用砂皮纸擦亮剪成片状,加入少许碘颗粒到三颈瓶中,再滴加入少许 α-溴萘和四氢呋喃混合液,用电吹风加热,当反应瓶中的褐色消失后,立刻滴加 α-溴萘 15 g(0. 083 mol)和 40 mL 四氢呋喃混合液,控制滴加速度,使温度保持在 30～

35℃。滴加完毕后继续搅拌，直至镁条基本反应完毕，必要时可以加热反应，格氏反应产物呈墨绿色。然后滴加二硫化碳 6.3 g(0.083 mol)，保持室温反应 4 h。待反应结束后，小心缓慢加入约 5 mL 水以中和残余的格氏试剂，然后将反应液倒入约 150 mL 冰水中，充分搅拌过滤出不溶性镁盐，滤液用浓盐酸处理，溶液呈粉红色；用二氯甲烷 40 mL×3 萃取，得紫红色溶液，经无水硫酸镁干燥后用旋转蒸发仪减压蒸出二氯甲烷，得紫色不透明油状二硫代萘甲酸。

将二硫代萘甲酸转入单颈圆底烧瓶中，加入 40 mL 乙酸乙酯和少许的碘粒，称取 2.0 g (0.026 mol)二甲亚砜盛于恒压漏斗中，逐滴加入，混合液置于阴暗处搅拌反应 10 h。用旋转蒸发仪减压蒸出乙酸乙酯，得红色固体产物，经乙醇重结晶精制得到连二硫代萘甲酸(bis (thionaphthalenoyl) disulfide，BTNDS)。

将连二硫代萘甲酸转入三颈圆底烧瓶中，称取经过重结晶的 AIBN 6.8 g(0.042 mol)，加入烧瓶，并加入 60 mL 乙酸乙酯，给三颈圆底烧瓶配上温度计，导气管和回流冷凝管，先向反应液通氮气 30 min，在氮气保护下升温至 65℃，搅拌反应 15 h。然后用旋转蒸发仪减压蒸出乙酸乙酯，得到红色油状物。以石油醚与乙酸乙酯＝2∶1 作展开剂，用薄层层析硅胶装填成色谱柱提纯，得到红色油状 CPDN。产品结构通过红外、核磁进行表征。

3. 大分子 RAFT 试剂- PMMA 的合成

5 mL 安培瓶中分别加入 3 mL 精制的 MMA(28.4 mmol)，76.9 mg 的 CPDN (0.284 mmol)和 9.3 mg 重结晶后的引发剂 AIBN(0.056 8 mmol)(MMA∶CPDN∶AIBN 摩尔比为 500∶5∶1)。通氩气 15 min 后熔封，置于设定温度(70℃)的油浴中聚合 15 h。打开封口，用少量 THF 溶解聚合物，然后将溶液倒入 200 mL 甲醇中沉淀，抽滤收集沉淀，干燥至恒重，称量，计算转化率。取 20 mg 聚合物溶解于 10 mL 四氢呋喃中，用凝胶色谱测定分子量，记为 $M_{n,MMA}$。用红外光谱仪和核磁共振仪测定聚合物结构，并计算分子量。

4. 两亲性嵌段共聚物 PMMA-*b*-PDMAEMA 的合成

5 mL 安培瓶中分别加入 3 mL 精制的 DMAEMA(17.8 mmol)，($0.178\times M_{n,MMA}$) mg 的 PMMA(0.178 mmol)和 5.8 mg 重结晶后的引发剂 AIBN(0.035 6 mmol)(DMAEMA∶PMMA∶AIBN 摩尔比为 500∶5∶1)。通氩气 15 min 后熔封，置于设定温度(70℃)的油浴中聚合 24 h。打开封口，用少量 THF 溶解聚合物，然后将溶液倒入 200 mL 甲醇中沉淀，抽滤收集沉淀，干燥至恒重，称量、计算转化率。取 20 mg 聚合物溶解于 10 mL 四氢呋喃中，用凝胶色谱测定分子量，记为 $M_{n,MMA}$。用红外光谱仪和核磁共振仪测定聚合物结构，并计算分子量。

5. 嵌段共聚物在选择性溶剂中的自组装

取 10 mg 嵌段共聚物溶于 5 mL 四氢呋喃中配成 2 mg·mL^{-1}的聚合物溶液。取 2 mL 上述溶液缓慢滴加入 10 mL 重蒸水中，并进行充分搅拌，滴加完成后继续搅拌 1 h 后将溶液制成 TEM 样品，进行分析测试。

五、问题与思考

(1) 精制溶剂、引发剂 AIBN、单体 MMA 和 DMAEMA 的目的是什么？引发剂和聚合条件的选择原则是什么？

（2）RAFT 聚合的聚合机理是什么？并如何按照聚合原理进行聚合物理论分子量的计算？将聚合物的理论分子量和经 GPC 和核磁测定的分子量进行比较，说明产生差别的原因，并分析减小它们之间差别的方法。

（3）如何运用 RAFT 聚合方法制备嵌段共聚物？分析如何调整嵌段共聚物中不同聚合物链段的长度？

（4）聚合物结构和性能的基本表征技术和方法有哪些？对所得聚合物的谱图和数据进行解释和分析。

（5）比较不同链段长度比例的嵌段共聚物的自组装行为差别，分析其原因。

六、参考文献

（1）罗雯. 深化实验教学改革培养创新人才[J]. 高师理科学刊，2006(1)：10～15.

（2）卞国庆，纪顺俊. 综合化学实验[M]. 苏州：苏州大学出版社，2007.

（3）Hamley I W. The Physics of Block Copolymers [M]. New York：Oxford University Press，1998：25～71.

（4）黄永民，韩霞，肖兴庆，周圆，刘洪来. 嵌段共聚物自组装的研究进展[J]. 功能高分子学报，2008(21)：102～116.

（5）Le T P，Moad G.，Rizzardo E，Thang S H. “living” Free Radical Polymerization by Reversible Addition-Fragmentation Chain transfer（The RAFT Process）PCT Int Appl. WO 9801478，1998.

（6）Wilfred L. F. Armarego，Christina L. L. Chai，Purification of Laboratory Chemicals，Elsevier，2003.

（7）Jian Zhu ，Xiulin Zhu，Zhenping Cheng，Feng Liu，Jianmei Lu，“Study on controlled free-radical polymerization in the presence of 2 - cyanoprop - 2 - yl 1 - dithionaphthalate(CPDN)”，Polymer ，2002，43 (25)：7037～7042.

（8）潘祖仁. 高分子化学[M]. 第三版. 北京：化学工业出版社，2004.

本实验按 60 学时的教学要求，教师可以相应增减内容。

实验16　酸性红G的合成与分析

一、实验目的

(1) 通过本实验了解染料的概念、分类等概况。

(2) 学习强酸性染料的制备方法。

(3) 用薄层色谱分析染料组成。

(4) 用紫外可见分光光度计测定染料的紫外可见吸收光谱。

二、实验原理

染料是能使其他物质获得鲜明而坚牢色泽的有机化合物，它必须满足能染着指定物质，颜色鲜艳，牢度优良，无毒性等应用方面提出的要求。

染料的分类有两种方法：一是根据其化学结构分，有偶氮、蒽醌、活性、硝基及亚硝基、多甲川、芳甲烷、靛族、酞菁、硫化等类型；另一是按染料的应用对象、应用方法、应用性能分，有酸性、酸性媒介及酸性络合、中性、直接、冰染、还原、活性、分散、阳离子、硫化等种类，这两种分类方法是互补的。

酸性染料分子中含有磺酸基、羧基等水溶性基团，染料溶于水，且能电离成有色阴离子，故酸性染料是水溶性阴离子染料。

酸性染料可分为强酸性、弱酸性、酸性媒介、酸性络合等几个类型。

偶氮型酸性染料合成中最主要的化学反应是重氮化反应和偶合反应，还可以通过酰化反应等调节染料性能。重氮化反应和偶合反应需要严格控制反应温度和pH。

薄层色谱又称薄板层析法，是一种微量、快速、简单的色谱方法。它可用于分离混合物，鉴定和精制化合物，是近代有机分析化学中用于定性和定量的一种重要手段。薄层色谱的原理，属于固-液吸附色谱。常用的吸附剂是硅胶和氧化铝。薄层色谱的操作分为点样、展开、显色等，在展开剂上移时，吸附剂上的样品各组分进行不同程度的解吸，从而达到分离目的。影响薄层色谱分离效果的三要素为样品和展开剂的极性，以及吸附剂的活性。薄层色谱是分析和分离染料组分的有效方法，由于染料本身有色，所以不需采用其他方法显色。

每个染料都有其特定的紫外可见吸收光谱。其中最大吸收波长表示染料的基本颜色，半峰宽反映颜色的鲜艳程度，根据最大吸收波长处的吸光度可以计算得出染料分子的摩尔消光系数，代表染料对对应光线的吸收能力。摩尔消光系数 $\varepsilon = A/(c\,l)$，$\varepsilon > 10^4$ 为强吸收；$\varepsilon = 10^3 \sim 10^4$ 为较强吸收；$\varepsilon = 10^2 \sim 10^3$ 为较弱吸收；$\varepsilon < 10^2$ 为弱吸收。其中：吸光度 A 表示单色光通过试液时被吸收的程度；c(mol · L^{-1})为溶液浓度；l(cm)为光线通过的液层厚度。

三、实验仪器及药品

1. 仪器

三口烧瓶、搅拌器、温度计、加热水浴、烧杯、布氏漏斗、吸滤瓶、铅笔、直尺、毛细管、硅胶板、层析缸、移液管、容量瓶、玻璃棒、磁力搅拌器、紫外可见分光光度计。

2. 药品

H 酸钠盐、苯胺、醋酸酐、盐酸、氯化钠、Na_2CO_3、去离子水、正丁醇、乙酸正丁酯、正丙醇、乙酸、吡啶、硫酸。

四、实验步骤

1. 酸性红 G 的合成

酸性红 G 为强酸性染料，其合成可分三步：注①－⑤

(1) 缩合

$$\text{H酸钠盐 (OH, }NH_2\text{; }NaO_3S\text{, }SO_3Na\text{)} + (CH_3CO)_2O \longrightarrow \text{(OH, }NHCOCH_3\text{; }NaO_3S\text{, }SO_3Na\text{)} + CH_3COOH$$

在 250 mL 三口烧瓶中加入 2 g H 酸钠盐，40 mL 水，20℃打浆 10 min，加入 4 mL 醋酸酐，升温至 30℃反应 0.5 h，冷却，用 Na_2CO_3 调 pH 至 9～10，过滤除去少量不溶物，滤液继续冷却保持温度 0～5℃。

(2) 重氮化

$$C_6H_5\text{—}NH_2 + NaNO_2 + 2HCl \longrightarrow C_6H_5\text{—}\overset{+}{N_2}\overset{-}{Cl} + NaCl + 2H_2O$$

在 100 mL 烧杯中加入 0.6 g 苯胺，3.5 g 水，1.8 mL 30%盐酸，冷却至 0～5℃，在 5～10 min 内加入 0.4 g 亚硝酸钠(配成 30%溶液)，搅拌 5 min，溶液对刚果红试纸呈蓝色，淀粉碘化钾试纸呈微蓝色。

(3) 偶合

$$C_6H_5\text{—}\overset{+}{N_2}\overset{-}{Cl} + \text{(OH, }NHCOCH_3\text{; }NaO_3S\text{, }SO_3Na\text{)} \longrightarrow C_6H_5\text{—N=N—(OH, }NHCOCH_3\text{; }Na_2O_3S\text{, }SO_3Na\text{)}$$

将苯胺重氮液于 0～5 ℃在 5～10 min 内加入缩合液，调节 pH＝8 左右，在 5 ℃下搅拌 1 h，当染料全部析出后(用滤纸检查析出情况)，过滤，干燥。

注：① 缩合结束用 Na_2CO_3 调 pH 时有大量气泡，加入速度太快会冲料，约用 Na_2CO_3 5～7 g；

② 严格控制重氮化、偶合时 pH；

③ 升温盐析的温度视染料质量而定，若发现升温时变粘，则停止升温；

④ 染料的 pH 用盐析法测量；

⑤ 实验过程可用自来水。

2. 酸性红 G 的分析

(1) 酸性红 G 成分分析

将硅胶板于 105～110℃烘 30 min，取出放在干燥器中备用。

将酸性红 G 用去离子水配成一定浓度的水溶液。用铅笔、直尺在硅胶板上离底边约 8～10 mm处轻轻画好一条直线，用毛细管吸取溶液在直线上点样，控制样点直径 1～2 mm，如溶液太稀，可多次点样，但每次都应点在同一圆心上，最好不要超过 5 次，静置晾干。配展开剂：① 正丁醇∶乙酸∶水＝40∶10∶50(上层)；② 乙酸正丁酯∶吡啶∶水＝30∶45∶25。将样点已干燥的硅胶板分别放入装有三种展开剂(或选一种)的层析缸中，待展开剂前沿离板上端5～10 mm 时，将板取出，记下前沿位置，晾干，观察板上斑点，记下其 R_f值。

(2) 酸性红 G 紫外可见吸收光谱测定

配制一系列浓度的酸性红 G 的去离子水溶液(10^{-5} mol · L^{-1}左右)。用紫外可见分光光度计测定紫外可见吸收光谱。

计算酸性红 G 的摩尔消光系数。

注：① 展开剂放入层析缸后应密闭，待缸内蒸汽饱和后再将硅胶板放入，样点必须干燥；

② 配制溶液用的染料必须烘干；

③ 紫外可见分光光度计为精密仪器，应严格按规范操作。

五、问题与思考

(1) 缩合反应中可用什么原料代替醋酸酐，反应条件有什么变化？

(2) 强酸性染料按化学结构可分成几类？酸性红 G 属哪一类？

(3) 简述薄层色谱的特点和原理。

(4) 从染料的紫外可见吸收光谱图上能得到哪些信息？

六、参考文献

(1) 卞国庆，纪顺俊. 综合化学实验. 苏州：苏州大学出版社，2007.

(2) 章思规. 实用精细化学品手册：有机卷(上). 北京：化学工业出版社，1996.

(3) 陈孔常，田禾，孟凡顺，苏建华. 有机染料合成工艺. 北京：化学工业出版社，2002.

(4) 陈中元，朱友良，许青青. 红色喷印墨水的配制和试用. 天津化工，2005，19(4)：31～32.

(5) 齐宗韶. 双波长分光光度法测定曙红墨水中的染料. 分析化学，1995，23(4)：490.

(6) 杨锦宗. 染料的分析与剖析. 北京：化学工业出版社，1987.

本实验按 30 学时的教学要求，教师可以相应增减内容。

实验 17　染料的染色及废水处理

一、实验目的

（1）通过本实验了解染料的应用及污染治理方法。

（2）学会测定染料的工作曲线。

（3）了解强酸性染料或活性染料在羊毛或棉布上的染色机理及方法。

（4）了解用活性炭吸附等方法处理染料工业废水的方法。

二、实验原理

不同种类的染料都有其使用对象和使用方法。染料主要应用于各种纤维的染色，同时也广泛应用于塑料、橡胶、油墨、皮革、食品、造纸、感光胶片等工业。

强酸性染料主要用于染毛线，弱酸性染料主要用于染锦纶、蚕丝和毛/粘等混纺织物，酸性媒介和酸性络合染料主要用于染精纺羊毛织物。

羊毛等蛋白质纤维的基本化学组成是蛋白质，其分子中有多缩氨基酸的主肽链，还有多种羧基、氨基和羟基组成的支链，可示意如下：

$$\cdots\!-\!\overset{H}{N}\!-\!\underset{R_1}{\overset{H}{C}}\!-\!\overset{O}{\overset{\|}{C}}\!-\!\overset{H}{N}\!-\!\underset{R_2}{\overset{H}{C}}\!-\!\overset{O}{\overset{\|}{C}}\cdots\cdots\underset{H}{N}\!-\!\underset{R_3}{\overset{H}{C}}\!-\!\overset{O}{\overset{\|}{C}}\!-\!\cdots$$

其中，R_1、R_2、R_3等可以是氢原子、烷基、氨基、羧基、羟基等，为说明染色机理，将羊毛结构简写成：$H_2N—W—COOH$。

强酸性染料的染色在酸性浴中进行，具有两性性质的羊毛纤维在 pH 低于其等电点(pH 4.5～4.8)的酸浴中首先吸收氢离子，纤维中氨基离子化，然后与染液中的染料阴离子形成盐键而完成染色。

$$W\begin{cases}NH_2\\COOH\end{cases} + H^+ \longrightarrow W\begin{cases}\overset{+}{N}H_3\\COOH\end{cases}$$

$$W\begin{cases}\overset{+}{N}H_3\\COOH\end{cases} + DSO_3^- \rightleftharpoons W\begin{cases}\overset{+}{N}H_3\ {}^-O_3SD\\COOH\end{cases}$$

其中 DSO_3^- 为染料阴离子。

活性染料可以用于羊毛、丝和棉制品等的染色。其原理是利用染料分子中的活性基与羊毛和丝中的氨基或棉中的羟基发生化学反应生成化学键而完成染色。棉的基本化学组成是纤维素，为说明染色机理，将棉制品结构简写成：Cell—OH，并以D表示三聚氯氰型活性染料母体。

D—NH-(三嗪环)-Cl_2 + HO—Cell → D—NH-(三嗪环)-(O—Cell)$_2$

D—NH-(三嗪环)-Cl_2 + NH_2—Wool—COOH → D—NH-(三嗪环)-(NH—Wool—COOH)$_2$

每个染料都有其特定的紫外可见吸收光谱。在低浓度范围内，吸光度 A 与溶液浓度 c(mol·L^{-1})及光线通过的液层厚度 l(cm)成正比，即朗白－比尔(Lamber-Beer)定律，其中 I_0 为入射光强度，I 为透过光强度。由此可以通过测定一定波长处的染料吸光度与浓度的关系，获得染料的工作曲线，即

$$A = \lg(I_0/I) = \varepsilon c l$$

染料工业产生大量废水。生产染料的废水成分非常复杂，含有目标染料、副产品染料、原料、中间体、助剂、无机酸、碱、盐、金属离子等，一般要采用多级处理才能达到排放标准。如除去固体杂质，可采用絮凝、过滤等为主的一级处理；要脱色，可采用絮凝、吸附为主的二级处理；要除去有毒的有机物，则应采用化学法或生物法使之分解破坏。染色废水成分相对简单一些，酸性红G染羊毛的废水主要含有没有吸尽的染料和无机钠盐，所以处理以脱色为主。吸附法是目前处理有色废水的主要方法之一，操作简便，效果好。常用的吸附剂有：颗粒状活性炭、泥煤、活性煤、活性硅藻土、高分子吸附剂等。其中活性炭对有机物有高亲合力，且容易再生，不能再生时可烧毁而不产生淤泥。在活性炭吸附过程中，活性炭的比表面积、微孔大小、炭的表面化学特性起主要作用，吸附质在水中的溶解度、分子极性、分子量大小、pH高低、温度及接触时间对吸附效率有一定影响。除吸附法之外，染料废水处理还有光催化降解、微生物分解等方法。

三、实验仪器及药品

1. 仪器

温度计、加热水浴、烧杯、移液管、容量瓶、玻璃棒、磁力搅拌器、紫外可见分光光度计、离心沉淀器。

2. 药品

酸性红G、活性艳红X－3B、盐酸、氯化钠、Na_2CO_3、十二烷基硫酸钠、去离子水、硫酸、醋酸、丝毛洗涤剂、柱状活性炭、纳米 TiO_2、白色羊毛毛线、白色纯棉布。

四、实验步骤

1. 酸性红G的染色

(1) 羊毛毛线预处理

将0.5 g羊毛毛线在40～50℃放入25 mL 5 g·L^{-1}的丝毛洗涤剂中处理20 min，然后

充分水洗备用。

(2) 染浴配制

将 0.5 g 染料放入 50 mL 烧杯中，加少量蒸馏水溶解(必要时可加热溶解)，移入 100 mL 容量瓶中，烧杯用蒸馏水洗 2～3 次，洗液倒入容量瓶，室温下用蒸馏水稀释至刻度，摇匀，得 0.5%染液。

(3) 染色(色度 2%，浴比 1∶50)

吸取 2 mL 上述染液放入 250 mL 烧杯中，加 5 mL 2%硫酸溶液，1 mL 1%醋酸溶液，加蒸馏水至体积 50 mL，得染浴，加热至 40 ℃，将羊毛入染，在 30 min 内均匀升温至沸腾，沸染 45～60 min。染色过程中隔一定时间轻轻翻动毛线，使上色均匀，为了保持浴比不变可随时补加少量蒸馏水，沸染 20～30 min，然后冷至室温，取出充分洗涤，晾干。

注：① 染料一定要在烧杯中全部溶解好再移入容量瓶；

② 及时补加蒸馏水，不应让毛线露出染浴。如到时间后染料尚未吸尽，可酌加 1～2 mL 1%醋酸溶液，继续 20～30 min。

2. 活性艳红 X－3B 的染色

(1) 棉织物预处理

将 2 g 棉布浸入 50 mL 含 0.1 g 十二烷基硫酸钠的蒸馏水中，煮炼 10 min，取出水洗，备用。

(2) 染浴配制

1%染料溶液的配制同强酸性染料的染色。

(3) 染色

吸取 4 mL 上述染液放到 250 mL 烧杯中，用蒸馏水稀释至 100 mL，得染浴。在 20 ℃时将棉布入染，不时翻动，染色 15 min，加 2 g 氯化钠，续染 15 min，再加 2 g 氯化钠，再染 15 min，加 1.2 g 碳酸钠，30 min 内升温至 40 ℃，续染 30 min，将染物取出充分水洗，晾干。

注：①酸性红 G 的染色和活性艳红 X－3B 的染色视开设实验时的条件选做一个；

②及时补加蒸馏水，不应让棉布露出染浴。

3. 染色废水的处理

测定染料的工作曲线。确定上一步染色的废水中染料的浓度。

取一定量活性炭在水中浸 24 h，然后放在烘箱内烘干。

在 250 mL 烧杯中加入 100 mL 染色废水，加入一定量的活性炭，在 25 ℃用磁力搅拌器搅拌 30 min，过滤，比较脱色前后染色废水的颜色。

在 250 mL 烧杯中加入 100 mL 染色废水，置于 150 W 紫外灯下 10 cm 处辐照一定时间，比较辐照前后染色废水的颜色。

在 250 mL 烧杯中加入 100 mL 染色废水，再加入一定量的纳米 TiO_2 粉末，在 25℃用磁力搅拌器搅拌 30 min，然后置于 150 W 和 300 W 紫外灯下 10 cm 处辐照一定时间，离心除去 TiO_2，比较辐照前后染色废水的颜色(废水处理量可以根据具体实验条件调整)。

用紫外可见分光光度计测定各种情况下脱色前后染色废水的紫外可见吸收光谱，并进行比较。

五、问题与思考

(1) 为什么羊毛或棉布要进行染前处理?

(2) 怎么测定染料工作曲线,其用途是什么?

(3) 羊毛或棉布还可以采用什么染料进行染色?

(4) 染料废水处理一般有哪些方法?

(5) 简述活性炭处理废水的优点和影响因素。

六、参考文献

(1)卞国庆,纪顺俊. 综合化学实验. 苏州:苏州大学出版社,2007.

(2) 章思规,实用精细化学品手册:有机卷(上). 北京:化学工业出版社,1996.

(3) 姚登运,姜丽华,张庆. 羊毛低温染色新工艺的研究. 毛纺科技,2005(1):24～27.

(4) 俞鸿滨. 活性染料在浸染加工中的合理选用. 针织工业,2013(3):23～26.

(5) 齐宗韶. 双波长分光光度法测定曙红墨水中的染料. 分析化学,1995,23(4):490.

(6) 马杰,马跃,胡洪营,何亚明. 光催化一光合细菌法处理印染废水的基础性应用研究. 水处理技术,2004,30(1):44～47.

(7) 张会芳,文晨,耿信鹏. TiO_2光催化分解酸性红 G 和活性艳红 K－2G 的研究. 化工技术与开发,2004,33(1):33～35.

本实验按 30 学时的教学要求,教师可以相应增减内容。

实验 18　功能性聚醋酸乙烯酯的可控合成

一、实验目的

（1）了解和掌握黄原酸酯调控下的活性自由基聚合特征；

（2）了解和掌握醋酸乙烯酯单体的特征以及聚醋酸乙烯酯的应用；

（3）熟悉黄原酸酯化合物的制备，运用多种手段，分离和提纯化合物；

（4）熟悉可逆断裂-链转移自由基聚合方法的实施步骤；

（5）制备相对分子量可控，相对分子量分布指数窄的末端功能化聚醋酸乙烯酯。

二、实验原理

聚醋酸乙烯酯(PVAc)是一类重要的聚合物，广泛用于涂料、黏合剂等领域。常见的醋酸乙烯之聚合物均通过自由基聚合方法制备，可以通过溶液、悬浮液和乳液等方法生产。醋酸乙烯酯也可以与其他单体进行共聚，例如与乙烯共聚，可以生产 EVA 材料，广泛应用于汽车、服装和鞋帽等领域。

由于醋酸乙烯酯结构的特殊性，在其结构中与乙烯基相连的为酯基团中的氧，因此对形成的自由基不能有效地起到稳定作用。其增长自由基十分活泼，在聚合过程中十分容易发生链转移等副反应，导致聚合过程十分复杂。

在 20 世纪 90 年代开始出现的活性自由基聚合方法，为利用自由基聚合方法开展聚合物合成设计提供了极大的便利。然而，常见的活性自由基聚合技术，例如原子转移自由基聚合、氮氧稳定自由基聚合(SFRP)、SET - LRP 等，均不能有效地实现对醋酸乙烯酯单体聚合的控制。可逆加成断裂链转移聚合(RAFT)是目前可以有效实现醋酸乙烯酯活性自由基聚合的主要方法之一。RAFT 聚合方法通过在普通自由基聚合体系中加入特殊结构的链转移试剂，利用增长链自由基与链转移试剂间发生的快速链转移反应，实现了降低聚合体系中增长链自由基浓度，从而大大降低了不可逆的链转移反应和链终止反应的可能，实现了活性可控自由基聚合。其详细聚合机理如图 18 - 1 所示。

在 RAFT 聚合中，为有效调控聚合的进行，选择合适结构的 RAFT 试剂十分重要。RAFT 试剂的有效性主要由两方面的因素决定：第一，单体的性质；第二，RAFT 试剂所含的 Z 基团和 R 基团的性质。选择不同的 Z 基团可以活化或者钝化 C═S 双键，使其更容易与自由基发生反应，同时对产生的中间体自由基的稳定性产生影响。而 R 基团一般是一个良好的均裂离去基团。对于一个高效的 RAFT 试剂而言，它所选择的 Z 基团必须是能活化碳硫双键，并且生成的 R 自由基能够再引发单体的聚合。同时，选择不同 R 和 Z 基团的 RAFT 试剂可以对不同单体的聚合进行有效的控制。目前已报道的比较广泛的 RAFT 试剂主要有四类：二硫代酯，二硫代氨基甲酸酯，黄原酸酯，三硫代碳酸酯，此外，还有一些结构特殊的含硫化合物，其结构式如图 18 - 2 所示。这些 RAFT 试剂都含有二硫代酯基团。随着 RAFT 聚合研究的逐渐深入，各种新型的 RAFT 试剂相继被开发出来。

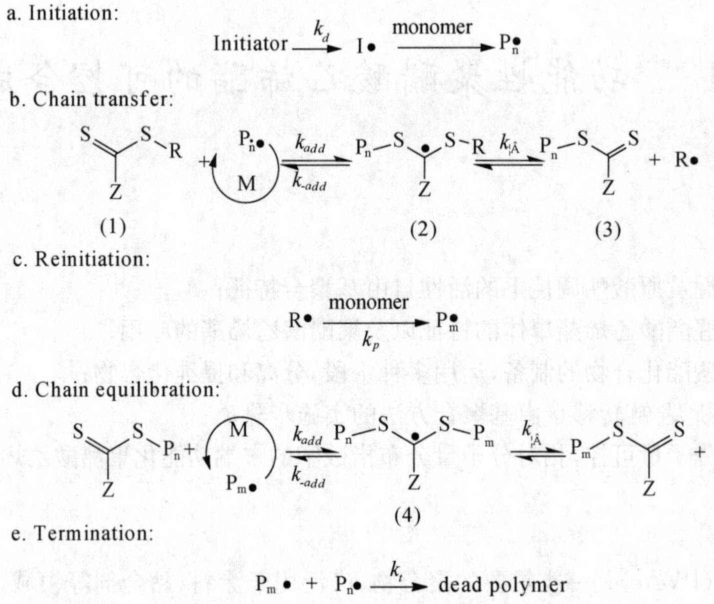

a. Initiation:

$$\text{Initiator} \xrightarrow{k_d} \text{I}\bullet \xrightarrow{\text{monomer}} \text{P}_n^{\bullet}$$

b. Chain transfer:

$$\underset{(1)}{\text{S=C(Z)–S–R}} + \text{P}_n^{\bullet}(\text{M}) \underset{k_{-add}}{\overset{k_{add}}{\rightleftharpoons}} \underset{(2)}{\text{P}_n\text{–S–}\dot{\text{C}}\text{(Z)–S–R}} \overset{k_{\beta}}{\rightleftharpoons} \underset{(3)}{\text{P}_n\text{–S–C(Z)=S}} + \text{R}\bullet$$

c. Reinitiation:

$$\text{R}\bullet \xrightarrow[k_p]{\text{monomer}} \text{P}_m^{\bullet}$$

d. Chain equilibration:

$$\text{S=C(Z)–S–P}_n + \text{P}_m^{\bullet}(\text{M}) \underset{k_{-add}}{\overset{k_{add}}{\rightleftharpoons}} \underset{(4)}{\text{P}_n\text{–S–}\dot{\text{C}}\text{(Z)–S–P}_m} \overset{k_{\beta}}{\rightleftharpoons} \text{P}_m\text{–S–C(Z)=S} + \text{P}_n^{\bullet}(\text{M})$$

e. Termination:

$$\text{P}_m\bullet + \text{P}_n\bullet \xrightarrow{k_t} \text{dead polymer}$$

图 18-1 RAFT 聚合机理示意图

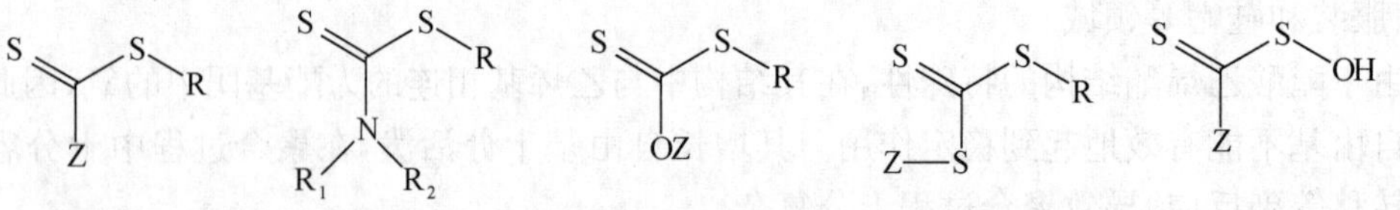

Dithioester　Carbamate　Xanthate　Trithiocarbonate　Dithioacid

图 18-2 RAFT 试剂结构图

图 18-3 列出了不同单体聚合时 RAFT 试剂 Z 基团和 R 基团的选择趋势。Z 基团结构从左至右其加成速率一次降低；R 基团结构从左至右其断裂速率依次降低。虚线部分表示其控制性能较差。在 Scheme 3 中，应该注意的是虚线部分。尽管在虚线部分所代表的 RAFT 试剂对聚合呈现一定的可控性，但其相对分子量分布会比较宽，或者在聚合体系中出现明显的阻滞或者阻聚现象。

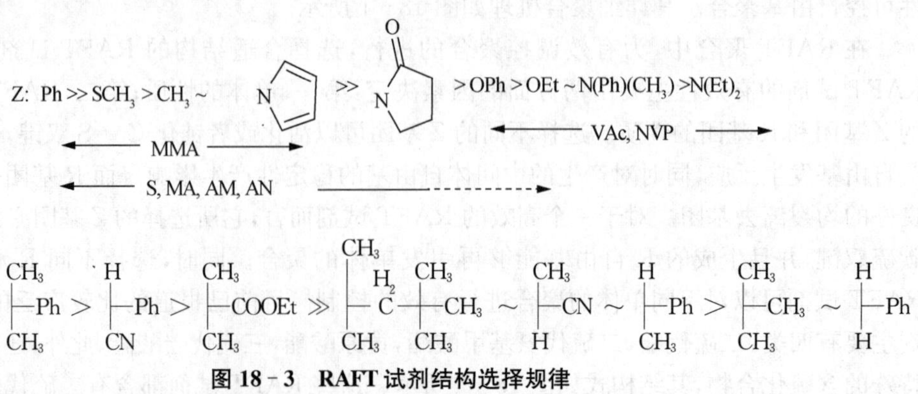

Z: Ph >> SCH_3 > CH_3 ~ (吡咯基) >> (吡咯烷酮基) > OPh > OEt ~ $N(Ph)(CH_3)$ > $N(Et)_2$

MMA；VAc, NVP；S, MA, AM, AN

R：$C(CH_3)_2CN$ ~ $C(CH_3)_2Ph$ > $CH(CN)Ph$ > $C(CH_3)_2COOEt$ ≫ $C(CH_3)_2CH_2C(CH_3)_2CH_3$ ~ $CH(CH_3)CN$ ~ $CH(CH_3)Ph$ > $C(CH_3)_3$ ~ CH_2Ph

图 18-3 RAFT 试剂结构选择规律

黄原酸酯是 Taton 和 Destara 等人在 2000 年提出的一种新型 RAFT 试剂，并且成功地应用于醋酸乙烯酯等活泼自由单体的活性自由基聚合。黄原酸酯与其他的二硫代酯类 RAFT 试剂的区别在于黄原酸酯的 Z 基团是烷氧基(图 18－4)，使得黄原酸酯自由基中心电荷密度增加，加成自由基的断裂速度加快，烷氧基团与断裂后产物 Pn－S－C(Z)═S 的碳硫双键发生共轭，加强了 Pn－S－C(Z)═S 的稳定性，所以它适用于像醋酸乙烯酯、氮乙烯基咔唑以及氮乙烯基吡咯烷酮这些不活泼单体的聚合。

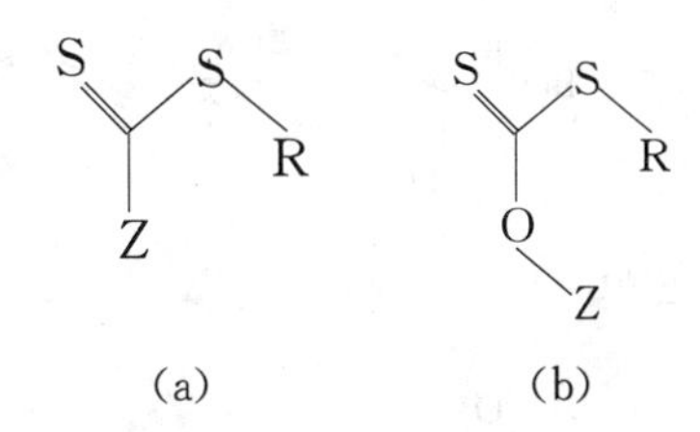

图 18－4　RAFT 试剂的结构通式(a)和 MADIX 试剂的结构通式(b)

另一方面，利用 RAFT 聚合制备的 PVAc，其结构中含有 RAFT 试剂结构片段。如果预先合成具有特殊官能团的 RAFT 试剂，进而利用其进行 VAc 单体的 RAFT 聚合，可以实现功能性 PVAc 聚合物的制备。同时，利用 RAFT 聚合本身具备的出色的相对分子量和结构调控能力，可以灵活地进行具有不同相对分子量和分子结构的 PVAc 聚合物的制备。本实验拟设计并合成一种末端带功能性基团(炔基)的黄原酸酯，进而进行醋酸乙烯酯的聚合研究，制备末端含有炔基的聚醋酸乙烯酯聚合物。

三、实验仪器与药品

1. 仪器

搅拌器、三口烧瓶(50 mL)、回流冷凝管、恒压滴液漏斗、油浴、天平、旋转蒸发仪。

2. 原料

2－溴丙酰溴、乙酸乙酯、丙炔醇、吡啶、醋酸乙烯酯、乙醇、氢氧化钾、二硫化碳、二甲亚砜、1,4－二氧六环、偶氮二异丁腈、四氢呋喃、石油醚。

四、实验步骤

1. 2－溴丙酸丙炔酯的制备

在 50 mL 的三颈瓶中，将 2－溴丙酰溴(1.03 g, 0.004 5 mol)加到 20 mL 的无水乙酸乙酯溶液中，用氩气保护，在冰盐浴下冷却。将预先溶解在 15 mL 无水乙酸乙酯的丙炔醇(0.3 g, 0.005 3 mol)，吡啶(0.43 g, 0.005 3 mol)，通过恒压滴液漏斗缓慢滴加到上述溶液中，室温搅拌，过夜。反应结束后，采用减压蒸馏的方法提纯产物。

2. 乙基黄原酸钾的合成

在 100 mL 的三颈瓶中加入乙醇(20 mL)，KOH(2.8 g, 0.05 mol)，室温搅拌直至得到澄清液体，之后将 CS_2(10 mL) 缓慢滴入澄清液体中，室温搅拌 10 h，之后升温至 70℃使过量的 CS_2 蒸发掉。

3. 乙基黄原酸酯的合成

在 50 mL 圆底烧瓶中加入乙基黄原酸钾(0.8 g, 0.005 mol) 和 10 mL 干燥过的 DMSO，室温搅拌溶解，待乙基黄原酸钾完全溶解后向溶液中缓慢滴加步骤 1 中所得产物

(7.6 g, 0.005 mol)，混合液室温搅拌 18 h，然后将反应液用倒入盛有 50 mL 冰水混合物的烧杯中，搅拌，用 CH_2Cl_2(20 mL×3) 萃取，得到有机层，用旋转蒸发仪旋至产物量不再减少，得到油状液体粗产品，以石油醚 / 乙酸乙酯(4∶1) 为展开剂过层析柱，得到产物。反应路线见图 18-5。

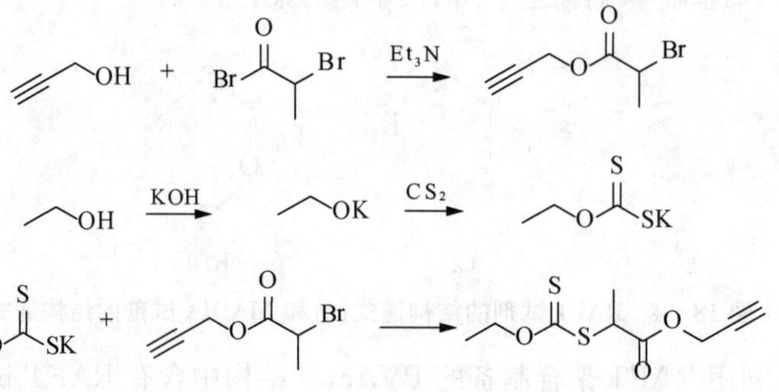

图 18-5　RAFT 试剂合成路线图

4. 醋酸乙烯酯的聚合

在 5 mL 的安瓿瓶中加入 AIBN(0.006 6 g, 0.04 mmol)，步骤 2 中所得 RAFT 试剂(0.009 3 g, 0.04 mmol)，1 mL VAc(醋酸乙烯酯)，1 mL 溶剂 1,4-二氧六环 ([VAc]∶[RAFT]∶[AIBN] = 300∶1∶1)。通氩气 10 min，然后在真空下封口，将安培瓶放入 60℃的恒温油浴中反应，通过预定时间的聚合后取出反应管，立即用冷水冷却，打开封管，将聚合物用少量四氢呋喃溶解后倒入大量石油醚中沉淀，待沉淀完全，倾倒出石醚，常温下真空干燥至恒重后称重，计算转化率。

五、测试和表征

(1) 合成的炔基黄原酸酯通过核磁共振测定结构。

(2) 聚合物相对分子量和相对分子量分布通过 GPC 进行测定。聚合物理论相对分子量计算：

$$M_{n,th}=\frac{[M]}{[I]}\times M_0\times x+M_{RAFT}$$

式中：[M]为单体浓度；[I] 为引发剂浓度；M_0 为单体相对分子量；x 为转化率；M_{RAFT} 为 RAFT 试剂相对分子量。

(3) 聚合物结构测定：利用核磁共振测定聚合物结构，确认聚合物末端结构。

六、问题与思考

(1) 影响聚合结果的有哪些因素，各有什么影响？

(2) 从聚合物的理论相对分子量计算公式出发，分析如何利用 RAFT 聚合实现聚合物相对分子量的调控？

(3) 简要分析制备得到的 PVAc 聚合物的应用。

七、参考文献

（1）Almar P，Thomas PD，Li G. RAFT polymerization with phthalimidomethyl trithiocarbonates or xanthates. on the origin of bimodal molecular weight distributions in living radical polymerization. *Macromolecular*，2006，39，5307～5318.

（2）张颖，徐冬梅，张可达. 醋酸乙烯酯的“可控”/活性自由基聚合. 功能高分子学报，2005，18，526～533.

（3）Taton D，Wilczewska AZ，Destarac M. Direct Synthesis of Double Hydrophilic Statistical Di-and Triblock Copolymers Comprised of Acrylamide and Acrylic Acid Units via the MADIX Process. *Macromolr Rapid Commun*，2001，22，1497～1503.

本实验按 30 学时的教学要求，教师可以相应增减内容。

实验 19　铁盐催化的甲基丙烯酸甲酯的 AGET ATRP

一、实验目的

（1）在了解原子转移自由基聚合基本原理的基础上，掌握最新发展的电子转移生成催化剂的原子转移自由基聚合（AGET ATRP）原理和方法；

（2）掌握聚合反应动力学的实验测定和表征方法；

（3）掌握聚合物相对分子量及其分布的实验测定方法。

二、实验原理

1. 原子转移自由基聚合

1995 年，Sawamoto 和 Matyjaszewski 二个研究小组几乎同时报道了以过渡金属络合物为催化剂，有机卤化物为引发剂引发不饱和乙烯基类单体进行自由基聚合的过程。例如，Matyjaszewski 等以 CuX/2,2′-二联吡啶为催化剂，有机卤化物为引发剂，引发了苯乙烯的可控聚合，并把这类聚合反应命名为原子转移自由基聚合（Atom Transfer Radical Polymerization），简称 ATRP。其典型的聚合机理如图 19－1 所示：

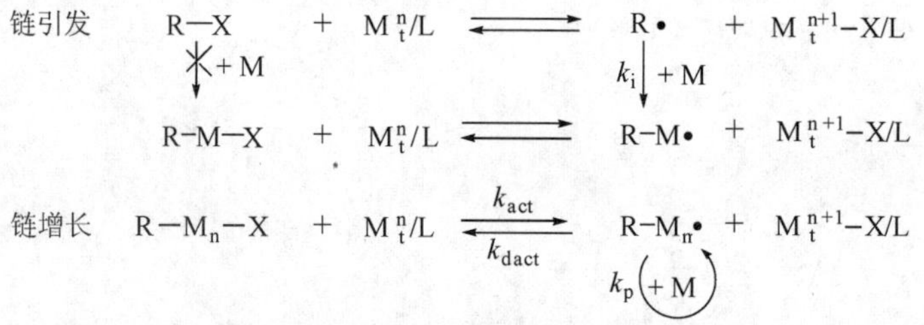

链引发　$R{-}X + M_t^n/L \rightleftharpoons R\cdot + M_t^{n+1}{-}X/L$

（R—X 不与 +M 直接反应；$R\cdot \xrightarrow[k_i]{+M}$）

$R{-}M{-}X + M_t^n/L \rightleftharpoons R{-}M\cdot + M_t^{n+1}{-}X/L$

链增长　$R{-}M_n{-}X + M_t^n/L \underset{k_{dact}}{\overset{k_{act}}{\rightleftharpoons}} R{-}M_n\cdot + M_t^{n+1}{-}X/L$　（k_p，+M）

图 19－1　ATRP 反应机理示意图

其中，X 为 Cl，Br；M_t^n 为过渡金属催化剂；L 为配体；M 为单体；k_p 为聚合反应速率常数；k_{act} 为活化反应速率常数；k_{dact} 为失活反应速率常数。在引发阶段，处于低价态的金属卤化物（盐）M_t^n 从有机卤化物 R—X 中夺取卤原子 X，生成引发自由基 R · 和高价态的金属卤化物 M_t^{n+1}—X。自由基 R · 引发单体聚合，形成链自由基 R—M_n · 。R—M_n · 可从高价态的金属卤化物 M_t^{n+1}—X 中重新夺取卤原子而发生钝化反应，形成 R—M_n—X，在这一过程中同时将高价态的金属卤化物 M_t^{n+1}—X 还原为低价态的 M_t^n。如果 R—M_n—X 与 R—X 一样（不总是一样）可与 M_t^n 发生氧化还原反应生成相应的 R—M_n · 和 M_t^{n+1}—X，同时若 R—M_n · 与 M_t^{n+1}—X 又可反过来发生钝化反应生成 R—M_n—X 和 M_t^n，则在自由基聚合反应进行的同时，始终伴随着一个自由基活性种与有机大分子卤化物休眠种之间的可逆平衡反应。由于这种聚合反应中的可逆转移包含了卤原子从有机卤化物到金属卤化物、再从金属卤化物转移到自由基这样一个反复循环的原子转移过程，所以是一种原子转移聚合反应，同时由于其反应活性种为自由基，因此被称为原子转移自由基聚合。从本质上看，原子转移自由基聚合是一个催化过程，通过活性种与休眠种之间的可逆转换控制着聚合体系中的自由基浓度，最终控制聚合物的相对分子量和相对分子量分布，这为我们控制聚合过程提供了方便。

ATRP 适用单体范围广、反应条件温和且分子设计能力强。利用 ATRP 方法，可以合成各类指定结构的聚合物，如合成窄分子量分布的均聚物、末端官能团聚合物（含大分子单体）、嵌段共聚物、无规及梯度共聚物、接枝及梳形聚合物、超支化聚合物、星形聚合物等。

2. AGET ATRP

尽管常规 ATRP 在高分子合成领域具有无可比拟的优势，但它也存在一些不足之处：主要是低氧化态的过渡金属化合物容易被空气氧化、对水敏感，同时不易储存。因而，随着 ATRP 技术的深入研究，一系列改进型的 ATRP 技术得到了广泛的关注，其中电子转移生成催化剂的原子转移自由基聚合（Activators Generated by Electron Transfer for ATRP，简称 AGET ATRP），其得到了快速发展，聚合反应机理如图 19－2 所示：

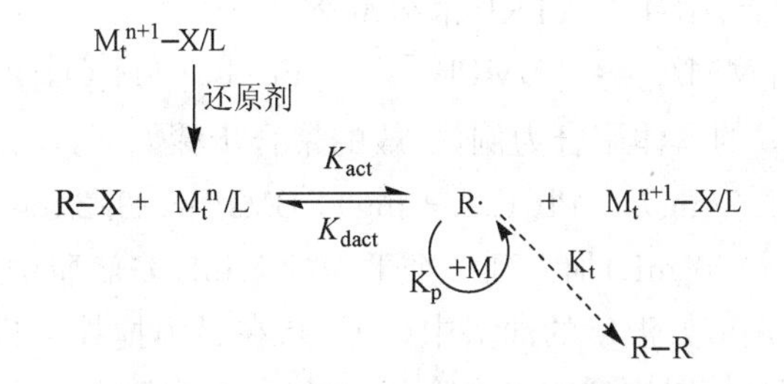

图 19－2　AGET ATRP 反应机理示意图

它以烷基卤化物（R—X）为引发剂，以高氧化态的过渡金属络合物 M_t^{n+1}—X/L 为催化剂前躯体，通过加入的还原剂（如抗坏血酸、葡萄糖、辛酸亚锡等）进行氧化还原反应而原位产生活性的 ATRP 催化剂 M_t^n/L。接下来的反应机理和上述的常规 ATRP 相似。该聚合方法的巨大意义在于除了克服上述常规 ATRP 的不足之外，整个聚合体系只需加入适量的还原剂（用于消耗体系中存在的氧气、还原高价态金属盐），而不需要预先进行排除反应体系中的氧气操作便可直接进行聚合反应，有利于工业化应用。

三、实验仪器与药品

1. 仪器

三颈瓶（50 mL）、恒压滴液漏斗、球形冷凝管、导气管、单颈烧瓶（50 mL）、安瓿瓶（5 mL）、烧杯、磁力搅拌子、布氏漏斗、茄形瓶、抽滤瓶、结晶皿、氮气包、温控仪、磁力搅拌器、旋转蒸发仪、电子天平、真空干燥箱、核磁共振仪（NMR）、凝胶色谱仪（GPC）。

2. 药品

对苯二酚、六水合氯化高铁（$FeCl_3 \cdot 6H_2O$）、三苯基膦（PPh_3）、α－溴代异丁酰溴、四氢呋喃、甲醇、甲基丙烯酸甲酯（MMA）、三乙胺、苯甲醚、抗坏血酸（VC）、中性氧化铝。

四、实验步骤

1. 引发剂 1,4－(2－溴－2－异丁酰氧)苯（$BMPB_2$）的制备

把对苯二酚（551 mg），经 4 Å 分子筛干燥的三乙胺（2.3 mL）和四氢呋喃（25.0 mL）加

入带搅拌的 50 mL 三颈瓶中。将三颈瓶放入冰浴中，在氩气保护下，用恒压滴液漏斗把 α-溴代异丁酰溴(2.04 mL)慢慢滴入三颈瓶中。半小时内滴加完毕后继续反应 1 h，撤掉冰浴于室温下反应 12 h 后取出。三乙胺形成的季铵盐通过过滤除去，溶剂采用旋转蒸发除去，真空烘箱中干燥后得到初产物。所得的初产物再用甲醇重结晶三次后可得到最终产物 $BMPB_2$(白色晶体)。产量约为 1.8 g。产物再用核磁表征。^1H NMR ($CDCl_3$，400 MHz)：δ= 7.18 ppm (s，4 H)，2.07 ppm (s，12 H)。

引发剂 $BMPB_2$ 的结构式如图 19-3 所示：

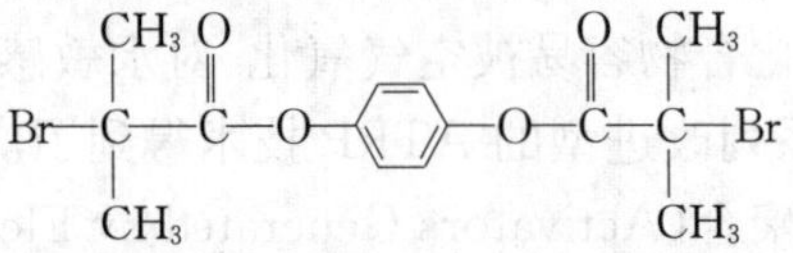

CH_3 O　　　O CH_3
Br—C—C—O—⟨苯环⟩—O—C—C—Br
CH_3　　　　　CH_3

图 19-3　双官能团引发剂 $BMPB_2$ 结构式

2. *甲基丙烯酸甲酯的 AGET ATRP 本体聚合*

以物质的量之比为$[MMA]_0$ ∶ $[BMPB_2]_0$ ∶ $[FeCl_3 \cdot 6H_2O]_0$ ∶ $[PPh_3]_0$ ∶ $[VC]_0$ = 500∶1∶0.5∶1.5∶0.3 的本体聚合为例，一般的聚合步骤如下：

将 $FeCl_3 \cdot 6H_2O$ (7.7 mg)，PPh_3(22.4 mg)，$BMPB_2$(23.2 mg)，VC(3.0 mg)以及过中性氧化铝柱的 MMA (3.0 mL)加入到一个干燥的 5 mL 安瓿瓶中，加入磁力搅拌子后直接火焰封口。放到事先调节好温度的油浴中(90℃)，在磁力搅拌下进行聚合。达到预定的反应时间后，将安瓿瓶取出，浸泡到冰水中冷却。然后划开安瓿瓶，将反应物溶于四氢呋喃(～2 mL)后倒入大量的甲醇(～200 mL)中沉淀并静置一段时间(一般 1 天左右)，过滤得到的滤饼在 50℃真空烘箱内干燥至恒重得到聚合物(PMMA)。

单体转化率通过重量法测定，保存产物用于做 GPC 表征。聚合反应动力学曲线通过测定不同聚合时间下的单体转化率获得。

3. *甲基丙烯酸甲酯的 AGET ATRP 溶液聚合*

溶液聚合的实验步骤和上述本体聚合基本相同，只是在聚合过程中加入一定量的苯甲醚为溶剂。

4. *以 PMMA 为大分子引发剂引发 MMA 的扩链反应*

根据 ATRP 机理，上述所得到的聚合物 PMMA 具有“活性”，可替代上述 $BMPB_2$ 用作大分子引发剂继续引发聚合反应。取一定量的 PMMA(上述铁盐催化 MMA 的 AGET ATRP 所得到的产物)在干燥的安瓿瓶中用作大分子引发剂，可参照上述聚合反应投料，再加入一定量的 MMA，$FeCl_3 \cdot 6H_2O$，PPh_3 以及 VC。下面的步骤与前面所述的基本相同，在 90℃磁力搅拌下进行 MMA 的 AGET ATRP 扩链反应。单体转化率通过重量法测定，保存产物用于做 GPC 表征。

5. *NMR 表征和 GPC 测定*

^1H NMR 在核磁仪(如 INOVA 400 MHz)上以 $CDCl_3$ 为溶剂，TMS 为内标测定。

聚合物的相对分子量和相对分子量分布指数使用凝胶色谱仪(GPC)(如 Waters 1515)测定，使用示差折光检测器，相对分子量范围为 100～500 000 的 HR1、HR3 和 HR4 柱子，以四氢呋喃为流动相，流速 1.0 mL/min，在 30℃下测定，以聚甲基丙烯酸甲酯标样进行校正。

五、问题与讨论

(1) AGET ATRP 和 ATRP 的区别与联系何在?

(2) 引发剂 $BMPB_2$ 是单官能团还是双官能团引发剂? 其制备为什么要首先在冰浴中进行滴加?

(3) 氧气在自由基聚合中起什么作用? 它的存在会对聚合反应带来什么影响?

(4) 一般 ATRP 都需要在无氧气条件下进行,为什么 AGET ATRP 可以在有限的氧气存在条件下进行?

(5) 如何计算所得到聚合物 PMMA 的理论相对分子量? 如果该理论值和 GPC 测得的相对分子量有偏差,试分析产生误差的原因。

六、参考文献

(1) 李强,张丽芬,柏良久,缪洁,程振平,朱秀林. 原子转移自由基聚合的最新研究进展[J]. 化学进展,2010,22,2079~2088.

(2) Lifen Zhang, Zhenping Cheng, Fan Tang, Qiang Li, Xiulin Zhu. Iron(III)-Mediated ATRP of Methyl Methacrylate Using Activators Generated by Electron Transfer [J]. *Macromol. Chem. Phys.*, 2008, 209, 1705~1713.

(3) 卞国庆,纪顺俊. 综合化学实验[M]. 苏州:苏州大学出版社,2007.

本实验按 60 学时的教学要求,教师可以相应增减内容。

实验 20　pH 敏感两亲性聚合物胶束的制备及药物释放模拟实验

一、实验目的

(1) 掌握两亲性聚合物的合成原理和方法。

(2) 掌握两亲性聚合物胶束的制备方法和基本表征手段。

(3) 了解 pH 敏感两亲性聚合物胶束负载和释放药物的原理和过程。

二、实验原理

恶性肿瘤是一类严重威胁人类健康的常见病、多发病，对肿瘤的诊断和治疗已经成为当今医学界的重大课题。化疗是肿瘤综合治疗的重要手段之一，但化疗药物大多缺乏药理作用专一性，在实际临床应用中存在着严重的毒副作用，不仅给患者本身带来无尽的痛苦，而且药物的生物利用率也很低。因此，如何把抗肿瘤药物高效而安全地输送到特定的肿瘤病变细胞或者组织中去，提高药物的使用效率，降低药物的毒副作用，已成为当今生物医学领域研究的重要前沿和热点之一。许多化学工作者就此提出了"智能型药物控制释放"这一全新的概念。将抗癌药物负载在一种生物相容性和生物分布性极好的材料中，而这种材料在正常的人体环境中能够稳定存在，药物能够稳定地被载体运输而不发生泄漏，一旦载体到达肿瘤部位，在肿瘤部位的一些特殊性质或者外部刺激响应下会将药物释放出来，从而达到定位治疗的效果。

目前报道的所有纳米药物载体对药物的可控释放均由刺激响应性(stimuli-responsive)基团所实现。一旦受到外界环境(如 pH，温度，光照等)的刺激，刺激响应性基团即发生断裂降解，装载着抗肿瘤药物的纳米载体的结构即被打开，从而实现药物的释放。pH 响应是利用肿瘤细胞内部与正常人体组织相比呈弱酸性这一特性而设计的刺激药物释放的方法。pH -敏感型纳米药物载体一旦进入肿瘤细胞，受到细胞内胞浆偏酸性环境的刺激，pH -敏感基团即发生水解而断裂，聚合物的结构即被破坏，被包裹的药物随即释放出来。具有 pH 响应的基团主要有缩醛基团、腙键、原甲酸酯等，含上述 pH 敏感基团的纳米药物控释体系的研究也最为广泛。

由两亲性共聚物在水中自组装形成的聚合物胶束(micelles)具有核-壳(core-shell)结构特征，是一类典型的纳米药物载体。由于聚合物结构的可修饰性和可裁剪性，易于通过化学反应设计聚合物结构，实现其多功能化，因此聚合物纳米胶束作为药物载体具有其独特的优势。

本实验设计合成了 pH -敏感型两亲性聚合物，其憎水段为含缩醛结构的甲基丙烯酸酯衍生物(PDM)，亲水段为丙烯酸羟乙酯(HEA)。该两亲性聚合物能够在水溶液中自组装成胶束并包裹疏水性药物。聚合物链中所含缩醛基团在酸性环境下能发生水解，导致胶束结构被破坏，从而释放出药物(图 20 - 1)。为了便于观察实验现象，本实验中使用红色染料尼罗红(Nile red)模拟疏水性抗肿瘤药物。

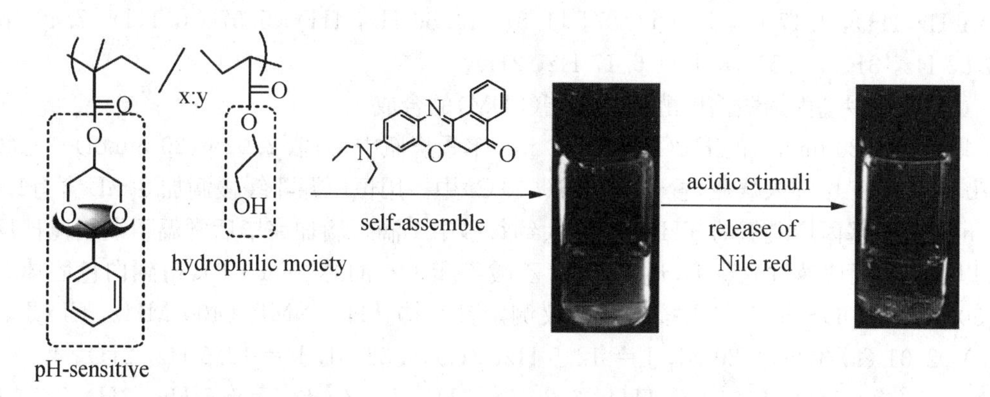

图 20－1　聚合物胶束自组装及其在酸性条件下释放出模拟药物的示意图

三、实验仪器及药品

1. 仪器

单颈烧瓶(500 mL)、三颈烧瓶(250 mL)、恒压漏斗(25 mL)、聚合管 (25 mL,带磨口和旋塞)、油水分离器、分液漏斗(500 mL)、吸滤瓶(500 mL,配布氏漏斗)、氮气包、搅拌器、温控仪、旋转蒸发仪、电子天平、真空干燥箱、凝胶色谱仪(GPC)、核磁共振仪、透射电镜(TEM)、动态光散射仪(DLS)。

2. 药品

苯甲醛、对甲苯磺酸、甲苯、甘油(丙三醇)、乙醚、碳酸钾、无水硫酸镁、四氢呋喃、三乙胺、甲基丙烯酰氯、环已酮、丙烯酸羟乙酯(经重蒸)、偶氮二异丁腈(AIBN,重结晶)、甲醇、石油醚、乙酸乙酯、N,N－二甲基甲酰胺(DMF)均为分析纯试剂、尼罗红和磷钼酸为 Aldrich 进口试剂、磷酸缓冲溶液自行配制。

四、实验步骤

1. pH 敏感单体 PDM 的合成

甲基丙烯酸 5－(2－苯基－1,3－二噁基) 酯(PDM)的合成路线如下所示:

(1) HBG (2) PDM

(1) 中间体 5－羟基－1,3－二氧苄基丙三醇(HBG)的合成

在 500 mL 单颈烧瓶中加入苯甲醛 53 g(0.5 mol),甘油 46 g(0.5 mol)和对甲苯磺酸 0.5 g ,加 100 mL 甲苯充分溶解后置于油浴中,加上油水分离器,加热搅拌回流 6 h。反应结束后,向反应液中加入 75 mL 乙醚。用 1%的 K_2CO_3 水溶液萃取三遍(75 mL×3),所得有机相加无水硫酸镁干燥过夜。第二天将有机相过滤出来并加入 75 mL 乙醚和 75 mL 石油醚(60～90℃),置冰箱冷冻室(<0℃)冷冻 24 h 以上,直至有白色固体析出,过滤得到白色针尖状晶体即为 HBG。产率:30%;熔点:80～83℃。用核磁共振仪测定其结构,

^{1}H - NMR (400 MHz, $CDCl_3$, δ,ppm): 3. 08 (d, J = 11. 23 Hz,1H), 3. 65 (d, J = 10. 91 Hz,1H), 4. 17 (q, J = 11. 87, 11. 87, 11. 66 Hz, 4H), 5. 57 (s, 1H), 7. 40 (d, J =6. 82 Hz, 3H), 7. 51 (d,J = 6. 17 Hz, 2H)。

(2) 单体甲基丙烯酸缩甲醛丙三醇酯(PDM)的合成

取 3. 6 g(20 mmol)的 HBG 加入 250 mL 单颈烧瓶中,另取 2. 02 g(20 mmol)三乙胺溶于 70 mL THF 中加入烧瓶,置于冰盐浴(<0℃)中。用恒压漏斗缓慢滴加 5 mL 含有1. 8 g (20 mmol)甲基丙烯酰氯的 THF 溶液(大约每秒中 1 滴),滴加完毕后常温下继续搅拌反应 8 h 以上。将反应液过滤蒸干,过层析柱(乙酸乙酯：石油醚 = 1：6),得到白色固体。产率:50%;熔点:66～67℃。用核磁共振仪测定其结构,^{1}H - NMR (400 MHz, $CDCl_3$, δ, ppm): 2. 01 (s, 3H),4. 20 (d, J = 12. 5 Hz, 2H),4. 33 (d, J = 12. 6 Hz, 2H), 4. 77 (s, 1H), 5. 58 (s, 1H), 5. 65 (s, 1H), 6. 29 (s, 1H), 7. 38 (d, J=6. 6 Hz, 3H),7. 51 (d, J= 6. 3 Hz, 2H)。

2. 两亲性聚合物 poly(PDM - co - HEA)的合成

将单体 PDM 与 HEA 按物质的量之比 4：6 的投料比进行聚合:取 PDM 297. 6 mg (1. 2 mmol), HEA 208. 8 mg (1. 8 mmol), AIBN 4. 92 mg (3 % mmol) 加入带旋塞的 25 mL 聚合管中,并加入 2 mL 环已酮进行充分溶解,抽真空-充氮气循环操作 3 次,置于 70℃油浴中,反应 2. 5 h。反应结束后,聚合液加少量 THF 稀释后倒入乙醚中析出。沉淀物用乙醚洗涤后真空干燥 24 h,得到白色固体(产率: 99%)(图 20 - 2)。可通过凝胶渗透色谱(GPC)测定聚合物的相对分子量及相对分子量分布,通过核磁共振谱图可分析聚合物的组成(亲水/亲油段的比例)。

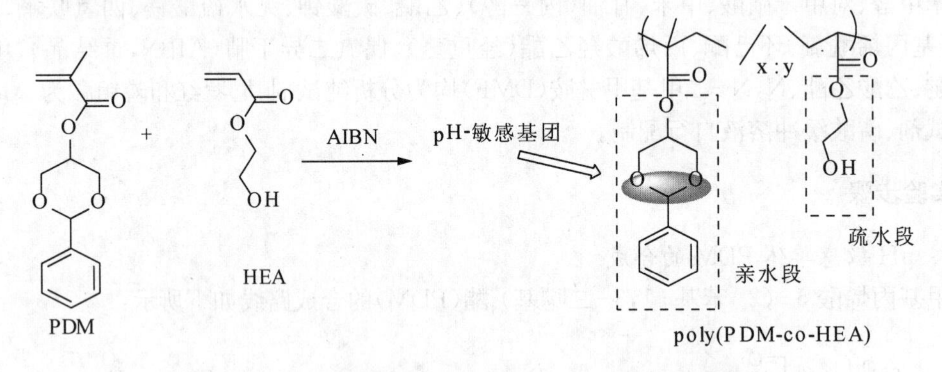

图 20 - 2 两亲性聚合物 poly(PDM - co - HEA)的合成路线

3. 两亲性聚合物胶束的制备与测定

取 2 mg 两亲性聚合物溶于 1 mL THF 中,使其完全溶解,然后慢慢滴加到 10 mL 的二次蒸馏水中,室温下充分搅拌,待 THF 完全挥发后即可得到浓度为 0. 2 mg/mL 的胶束溶液。利用动态光散射(DLS)测定胶束溶液中纳米粒子的粒径。另通过透射电镜(TEM)测定胶束纳米粒子的形貌:取一滴胶束溶液滴于铜网上,浸润 15 s,然后滴加一滴配制好的 1%磷钼酸溶液于铜网上进行染色 20 s,将铜网自然晾干,送样。

4. 尼罗红疏水性模拟药物的负载及其酸性条件下的释放

将尼罗红配制成浓度为 1 mmol/L 的丙酮溶液,取 20 μL 滴加到 0. 4 mL 聚合物的

THF 溶液(聚合物浓度为 5 mg/mL)中,然后再滴加 10 mL pH=7.4(10 mmol/L)的磷酸缓冲溶液。搅拌 10 h 以上,待 THF 和丙酮溶剂全部自然挥发,即可得到浓度为 0.2 mg/mL 的聚合物胶束溶液(其中尼罗红的浓度为 2.0 mmol/L)。然后通过滴加 pH 为 4.0 的磷酸缓冲溶液调节聚合物胶束溶液 pH 为 5.0,大约 10 min 之后即可观察到有红色沉淀析出。该过程模拟了胶束中包裹的疏水性药物在肿瘤细胞偏酸性条件刺激下的释放。

四、问题与讨论

(1) 两亲性聚合物自组装成胶束的效果是与聚合物中亲水/亲油段的比例有关的。本实验中亲水/亲油单体的投料比为 6∶4,所得聚合物能自组装成粒径大约为 150 nm 的胶束。可以尝试不同单体投料比,得到不同亲水/亲油段比例的两亲性聚合物,进一步研究其自组装行为。

(2) 该 pH -敏感两亲性聚合物实现 pH 响应的原理是什么?该聚合物胶束是如何实现药物的控制释放的?

(3) 如何通过聚合物的核磁氢谱来分析共聚物中亲水/亲油段的比例?

五、参考文献

(1) Jushan Lu, Najun Li, Qingfeng Xu, Jianfeng Ge, Jianmei Lu*, Xuewei Xia. "Acetals Moiety Contained pH-sensitive Amphiphilic Copolymer Selfassembly Used for Drug Carrier". *Polymer*, 2010, 51, 1709~1715.

(2) Xiao Mei, Dongyun Chen, Najun Li*, Qingfeng Xu, Jianfeng Ge, Hua Li, Jianmei Lu*, Hollow mesoporous silica nanoparticles conjugated with pH-sensitive amphiphilic diblock polymer for controlled drug release, *Microporous and Mesoporous Materials*, 2012, 152, 16~24.

(3) 毛世瑞,田野,王琳琳. 药物纳米载体——聚合物胶束的研究进展. 沈阳药科大学学报,2010, 27(12), 979~986.

本实验按 60 学时的教学要求,教师可以相应增减内容。

实验21　无机添加型阻燃剂低水合硼酸锌的制备

一、实验目的

(1) 了解低水合硼酸锌的性质和用途。

(2) 掌握用氧化锌制备低水合硼酸锌的原理和方法。

二、实验原理

低水合硼酸锌,商品名称“Firebrake ZB”,是一种无机添加型阻燃剂。这种阻燃剂是一种白色细微粉末,分子式为 $2ZnO \cdot 3B_2O_3 \cdot 3.5H_2O$,相对分子质量为 436.64,平均粒径为 2～10 μm,相对密度为 2.8。硼酸锌中的锌有 38%以氧化锌或氢氧化锌的形式进入气相,对可燃性气体进行稀释,降低其燃烧速率。同时硼酸锌与卤化物作用在高温下形成卤化锌,可以覆盖于可燃物表面隔绝空气、抑制可燃气体的产物并阻止氧化和热辐射作用。当硼酸锌加入卤素高分子材料中后,在燃烧过程中形成的 BX_3 进入气相与水蒸气作用形成卤化氢,可以阻止自由基间的链反应,也起到阻燃作用。

作为高效性添加型阻燃剂,其在较高的温度如 350℃下仍然保持结构中的结晶水。因此与目前使用的其他阻燃剂相比,低水合硼酸锌有更宽的应用领域。同时,与常用的阻燃剂氧化锑相比,低水合硼酸锌具有价廉、毒性低、发烟少、着色度低等许多优点,已被广泛应用于 PVC 薄膜、墙壁涂料、电线电缆、地毯等材料的生产与加工中,产生较好的阻燃效果。

低水合硼酸锌的生产方法包括硼砂-锌盐合成法、氢氧化锌-硼酸合成法、氧化锌-硼酸合成法等多种。其中氧化锌-硼酸合成法由于工艺简单、易操作、产品纯度高等优点,同时母液可循环使用、无“三废”污染等,被广泛使用。本实验通过氧化锌-硼酸法制备低水合硼酸锌,其化学反应为:

$$2ZnO + 6H_3BO_3 = 2ZnO \cdot 3B_2O_3 \cdot 3.5H_2O + 5.5H_2O$$

三、实验仪器与药品

1. 仪器

三颈烧瓶(250 mL,19#)、机械搅拌器、恒温水浴、真空泵、电热鼓风干燥箱、电子天平、马弗炉、热重分析仪。

2. 药品

硼酸、氧化锌、EDTA、氨水、二甲酚橙、醋酸钠、醋酸。

四、实验步骤

1. 低水合硼酸锌的制备

量取 40 mL 去离子水加入三颈烧瓶中,搅拌下加入 27.5 g 硼酸。待硼酸全部溶解后,加入 12.5 g 氧化锌，并不断搅拌。将水浴温度升至 80～90℃，反应 3 h。反应体系冷却至室温后抽滤，滤饼用 50 mL 水分两次洗涤。滤饼取出放入电热鼓风干燥箱中，在 110℃烘干 1 h，研碎得白色细微粉末状的低水合硼酸锌晶体。

2. 低水合硼酸锌成分分析和结构表征

(1) 制备的低水合硼酸锌中锌含量的测定

准确称量 0.4～0.5 g 制备的低水合硼酸锌，加入 5 mL 10％的稀盐酸溶解后，加入20 mL 去离子水后摇匀。加入几滴浓氨水中和，使其 pH 调节为 4～5。加入 20 mL NaAc－HAc 缓冲溶液，以二甲酚橙为指示剂用 0.1 mol・L^{-1}的 EDTA 标准溶液滴定至终点。

(2) 制备的低水合硼酸锌中结晶水的含量的测定

将制备的低水合硼酸锌在 400℃的高温炉中灼烧 2 h，冷至室温。通过灼烧前后样品质量的变化确定低水合硼酸锌中结晶水的含量。

(3) 制备的低水合硼酸锌差热分析

对制备的低水合硼酸锌在 250～500℃进行差热分析，确定其失水温度。

五、实验数据与处理

(1) 制备的低水合硼酸锌的状态、质量和产率。

(2) 制备的低水合硼酸锌中锌含量和结晶水含量的分析结果。

(3) 制备的低水合硼酸锌的差热分析图谱及其分析。

六、问题与讨论

(1) 常用阻燃剂有哪些？其阻燃原理是什么？在材料的加工方面有何应用？

(2) 低水合硼酸锌的制备方法有哪些？氧化锌与硼酸合成法制备低水合硼酸锌有何优点？

(3) 低水合硼酸锌的差热分析结果说明了什么？

七、参考文献

(1) 申云飞，胡桂茄，也建丽. 阻燃剂低水合硼酸锌的合成及应用[J]. 精细石油化工，1992.

(2) 宋振轩. 低水合硼酸锌的阻燃机理与应用[J]. 华北水利水电学院学报，2008：83～84.

本实验按 15 学时的教学要求，教师可以相应增减内容。

实验 22　非离子表面活性剂——聚醚的合成及表征

一、实验目的

（1）用高压釜合成非离子表面活性剂。

（2）熟悉高压釜的操作及高压操作的注意事项。

二、实验原理

表面活性剂是一类具有特殊结构和特性的化合物，在溶剂（通常以水作溶剂）中加入少量表面活性剂时可以使其表面张力显著降低，从而产生一系列特殊的作用，如乳化、发泡、分散、凝聚、湿润、防水、抗静电、去污等。表面活性剂在纺织、制药、化妆品、食品、机械制造、采矿以及表面处理等领域有重要应用。

从分子结构上讲，表面活性剂一般由疏水基团和亲水基团两部分组成，根据分子中所含官能团的结构不同，表面活性剂包括阴离子表面活性剂、阳离子表面活性剂、非离子表面活性剂和两性表面活性剂等四种。

非离子表面活性剂，是含有在水中不离解的羟基—OH 和醚键 C—O—C，并以其为亲水基团的表面活性剂。非离子表面活性剂在数量上是仅次于阴离子表面活性剂的一种重要的表面活性剂，其广泛地用作洗涤剂、乳化剂、纤维柔软剂、染色剂等。

本实验以戊醇为原料，在 KOH 的催化下，通过环氧乙烷、环氧丙烷开环聚合合成环氧乙烷-环氧丙烷无规共聚物，简称聚醚。其具体反应机理如下：

1. 链的引发

$$CH_3CH_2CH_2CH_2CH_2OH \xrightarrow{KOH} C_5H_{11}O^-K^+ \xrightarrow{R-\underset{\diagdown O \diagup}{CH-CH_2}}$$

$$\left[C_5H_{11}O^- \cdots H_2\underset{\diagdown O \diagup}{C-\underset{H}{C}}-R\right] \longrightarrow C_5H_{11}O-CH_2-\underset{R}{\overset{H}{C}}-O^-$$

2. 链增长

$$C_5H_{11}O-CH_2-\underset{R}{\overset{H}{C}}-O^- \xrightarrow{nR-\underset{\diagdown O \diagup}{CH-CH_2}} C_5H_{11}O-CH_2-\underset{R}{\overset{H}{C}}\left(O-CH_2\underset{R}{CH}\right)_nO^-$$

3. 链终止

$$C_5H_{11}O-CH_2-\underset{R}{\overset{H}{C}}\left(O-CH_2\underset{R}{CH}\right)_nO^- \xrightarrow{H^+} C_5H_{11}O-CH_2-\underset{R}{\overset{H}{C}}\left(O-CH_2\underset{R}{CH}\right)_nOH$$

该聚合反应为放热反应。

所得聚醚的平均相对分子质量用羟值法测定。羟值法是用一定量的羧酸酐(如乙酸酐)在催化剂的存在下,与聚醚的端羧基进行酰化反应。一分子酸酐反应后生成一分子羧酸酯端基的聚醚和一分子羧酸,形成的羧酸量用 KOH 标准溶液滴定,可求出聚醚样品端羧基的含量(即羟值,以 $mmol \cdot g^{-1}$ 样品为单位),由此可计算出聚醚的平均摩尔质量,即平均分子量。

红外光谱是对聚醚进行定性分析的有效手段。聚醚的羟基在 3 500 cm^{-1} 处有伸缩振动的吸收峰,2 940 cm^{-1} 和 2 860 cm^{-1} 处存在有碳氢的伸缩振动吸收峰,而在 1 370 cm^{-1} 和 1 350 cm^{-1} 处则存在—CH_3 和—CH_2 的弯曲振动吸收峰。1 100 cm^{-1} 处是 C—O—C 的伸缩振动,该吸收峰较宽、强度也较大,是醚键的特征峰。除此之外,也可以利用红外光谱对聚醚进行定量分析。

三、实验仪器与药品

1. 仪器

聚合釜(1 L,有不锈钢制加料管)、电动搅拌器、恒温水浴、碘量瓶(100 mL×2)、红外分光光度计、氮气钢瓶。

2. 药品

氢氧化钾、正戊醇、环氧乙烷、环氧丙烷、冰醋酸、乙酸酐、吡啶。

四、实验步骤

1. 聚醚的制备

用氮气将 100～150 g 的环氧丙烷和环氧乙烷压入不锈钢加料管内备用。打开釜盖(注意必须正确使用安全螺丝,以保护釜的精度),擦净高压釜内壁。量取 30 mL 正戊醇加入反应釜中。迅速称取 2 g 左右的氢氧化钾,在微热(约 40℃,温度太高 KOH 粉末易结块)的研钵中研成粉末并倒入釜中(整个过程越快越好,以免吸水)。盖上釜盖并旋紧固定螺母,充入氮气至釜压为 1～1.5 $kg \cdot cm^{-2}$ 后放空,重复 3 次以除净反应釜中的空气和水分。通过加料管向釜内加入 100 g 左右环氧丙烷和环氧乙烷的混合物(若没有环氧乙烷,可单独使用环氧丙烷)。开动搅拌器并开始加热,当温度升至 70℃时暂时关掉加热电源。由于聚合反应是放热反应,如果反应釜温度上升而压力不变或下降,说明反应已开始。注意控制温度在 120～135℃之间,若只用环氧丙烷,则反应釜温度应控制在 130～140℃之间。待反应釜中环氧丙烷、环氧乙烷基本反应完全再通过不锈钢加料管补充适当环氧丙烷、环氧乙烷。控制加料速度和反应速率基本相等。反应结束后,反应釜通入冷凝水使釜温冷却至 90℃,放空后充入 5 $kg \cdot cm^{-2}$ 的氮气,压出大部分产品,最后再用 25 mL 移液管吸收余下的聚醚。取少量聚醚用冰醋酸中和至中性。

2. 红外光谱测定

将聚醚样品用涂膜法在红外光谱仪上进行定性分析。

3. 聚醚相对分子量的测定

准确移取 0.4～0.5 g 聚醚样品三份,加入 100 mL 碘量瓶中(其中二份质量为 m_1 测羟值,另一份质量为 m_2 测酸值)。碘量瓶中分别加入 1.3 mL 乙酸酐的乙酸乙酯溶液。塞紧瓶塞，放入(50±1)℃的水浴中恒温5 min。取出振摇几次，使样品完全溶解。再恒温20 min后，取出冷却至室温。在碘量瓶中加入5 mL吡啶水溶液、2 mL蒸馏水，振摇后静置5 min。加入指示剂，用0.3 mol·L^{-1}的氢氧化钾标准溶液滴定至终点，消耗的氢氧化钾标准溶液体积为V_2 mL。空白样同样处理，消耗的氢氧化钾标准溶液体积为V_1 mL。

在测酸值的碘量瓶中加入5 mL 95%的乙醇，使之溶解后向其中加入5 mL吡啶水溶液。加入指示剂，用0.3 mol·L^{-1}的氢氧化钾标准溶液滴定至终点，消耗的氢氧化钾标准溶液体积为V_3 mL。

$$\text{羟值} = \left(\frac{V_1}{m_1} - \frac{V_2}{m_1} + \frac{V_3}{10m_2}\right) \times c_{\mathrm{KOH}} \times 56.1$$

样品的平均相对分子量用下式计算：

$$\overline{M}_{\mathrm{r}} = \frac{n}{\text{羟值}} \times 56.1 \times 1\,000$$

其中n为聚醚起始剂官能团数。

五、实验数据与处理

(1) 制备的聚醚的状态、质量和产率。

(2) 制备的聚醚羟值、酸值及平均相对分子量。

(3) 制备的聚醚的红外光谱图谱及分析。

六、问题与讨论

(1) 非离子表面活性剂与阴离子、阳离子及两性表面活性剂相比，在结构、表面活性和应用方面有哪些不同？

(2) 聚醚制备过程中开环聚合的机理是什么？影响相对分子量的因素有哪些？

(3) 实验中充入氮气的作用是什么？

(4) 定性分析所得的聚醚样品红外光谱图，在1 720～1 730 cm^{-1}处为什么会产生吸收峰？

七、参考文献

(1) 浙江大学，南京大学，北京大学，兰州大学. 综合化学实验[M]. 北京：高等教育出版社，2006.

(2) 浙江大学. 综合化学实验[M]. 北京：高等教育出版社，2001.

本实验按15学时的教学要求，教师可以相应增减内容。

实验 23　以席夫碱为配体的一些镍配合物的合成与表征

一、实验目的

(1) 了解席夫碱配合物合成的原理及应用。

(2) 初步掌握配合物的表征方法。

二、实验原理

所谓席夫碱(Schiff base)是指醛、酮等羰基化合物与伯胺反应失水后的产物，产物分子中氮原子上的孤电子对使其成为路易斯碱，因此可以与铜等过渡金属离子形成配合物。一般席夫碱的结构如下：

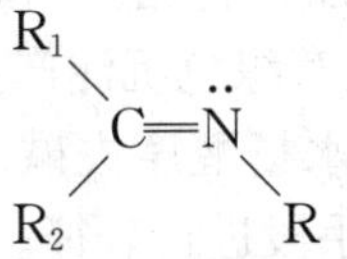

$$\begin{matrix} R_1 & & \\ & C=\ddot{N} & \\ R_2 & & R \end{matrix}$$

其中 R、R_1、R_2 是烃基。Schiff 在 1869 年确立了席夫碱与过渡金属形成的化合物是一类化学计量比为 1∶2 的配合物，最终以他的名字命名了这类具有甲亚胺片段的化合物。

自从席夫碱发现以来，以其为配体的配合物被大量地合成和分离出来。以席夫碱为基础衍生出了许多大环配体，并在相应的配合物中发现了配位几何异构现象。席夫碱不仅可以作为合成螯合物、生物活性剂和具有催化活性的配合物的中间体，其在合成用于生物体系的模型化合物中也有重要应用。

制备席夫碱配合物有两种常用方法：第一种方法是先合成席夫碱配体，然后配体与过渡金属离子反应形成配合物；第二种方法是在合成过程中同时进行配体的合成和配位反应。

三、实验仪器与药品

1. 仪器

圆底烧瓶(50 mL)、吸量管(1 mL)、球形冷凝管(19#)、漏斗、滴液漏斗、旋转蒸发仪、傅里叶红外光谱仪(KBr 压片)、质谱仪、熔点测定仪、紫外可见光谱仪。

2. 药品

1,3-丙二胺、吡咯-2-甲醛、乙醇、四水合醋酸镍、碳酸钠、二氯甲烷、硫酸镁、牛磺酸、氢氧化钾、甲醇、5-溴水杨醛。

四、实验步骤

1. 由 1,3-丙二胺与吡咯-2-甲醛制备席夫碱

在 50 mL 的圆底烧瓶中加入 0.95 g 吡咯-2-甲醛(约 0.01 mol)，同时加入 5 mL 乙醇使之溶解，并向吡咯-2-甲醛的乙醇溶液中准确移取 0.40 mL 1,3-丙二胺(约 0.01 mol)并混匀。使用沸水加热使之在沸腾状态下回流 3～4 min，反应体系用冰浴冷却结晶。如混合液中无晶体析出，可旋蒸浓缩至有固体析出后，再冰浴结晶。获得的晶体在空气中干燥、称

量并计算产率。制备的席夫碱的结构通过红外光谱(IR)、核磁共振谱(^{1}H NMR)、质谱等手段进行表征。

2. 席夫碱-镍(Ⅱ)配合物的制备

称取制备的席夫碱配体0.5 g(0.002 2 mol)溶解于10 mL热的乙醇中。称取0.5 g乙酸镍(0.002 mol)溶解于10 mL水中配制乙酸镍溶液。将席夫碱的乙醇溶液滴入乙酸镍的水溶液中,得到砖红色混合物。向砖红色混合物中加入5 mL 4%的碳酸钠溶液,常温下搅拌20 min。过滤,粗产品用1∶1乙醇-水溶液洗涤。再将粗产品溶解于40 mL CH_2Cl_2中,加入适量的无水硫酸镁干燥。滤去无水硫酸镁,向滤液中加入40 mL沸程为80～100℃的石油醚,用旋转蒸发法除去CH_2Cl_2。冷却结晶,过滤收集红色的晶体并在空气中干燥,称量并计算产率。制备的配合物的结构通过红外光谱(IR)、核磁共振谱(^{1}H NMR)、质谱等手段进行表征,并测定其磁化率确定配合物的类型。

3. 牛磺酸-5-溴水杨醛席夫碱及其配合物的合成

将等物质的量的牛磺酸0.250 g(2 mmol)和氢氧化钾0.112 g(2 mmol)分别溶于甲醇中,混合后搅拌约15 min,然后慢慢滴加到含相同物质的量5-溴水杨醛0.402 g(2 mmol)的甲醇溶液中,常温下反应1 h,有大量黄绿色沉淀产生,抽滤,洗涤数次,沉淀在甲醇溶剂中重结晶,真空干燥,获得牛磺酸-5-溴水杨醛席夫碱。制备的席夫碱的结构通过红外光谱(IR)、核磁共振谱(^{1}H NMR)、质谱等手段进行表征。

将含1 mmol上述步骤合成的配体的15 mL甲醇溶液,搅拌下滴加到含有1 mmol $Ni(Ac)_2$的15 mL甲醇溶液中,回流反应6 h,冷却、过滤,室温下自然挥发,得到绿色的柱状单晶。制备的席夫碱的结构通过红外光谱(IR)、核磁共振谱(^{1}H NMR)、质谱等手段进行表征。

五、实验数据与处理

(1) 由1,3-丙二胺与吡咯-2-甲醛制备席夫碱的状态、产量和产率及结构表征与分析。

(2) 1,3-丙二胺-吡咯-2-甲醛席夫碱-镍(Ⅱ)配合物的状态、产量和产率及结构表征与分析。

(3) 牛磺酸-5-溴水杨醛席夫碱的状态、产量和产率及结构表征与分析。

(4) 牛磺酸-5-溴水杨醛席夫碱-镍(Ⅱ)配合物的状态、产量和产率及结构表征与分析。

六、问题与讨论

(1) 席夫碱制备的原理是什么?席夫碱的结构特征如何?为什么可以作为配体与镍形成配合物?

(2) 可以用于席夫碱配合物结构表征的方法有哪些?

七、参考文献

(1) 王尊本.综合化学实验[M].北京:科学出版社,2003.

(2) 许亚平,钟凡,袁红梅.牛磺酸-5-溴水杨醛席夫碱合镍配合物的合成及性质研究[J].井冈山师范学院学报(自然科学),2004,25(6):24～26.

本实验按20学时的教学要求,教师可以相应增减内容。

实验 24 超高交联吸附树脂的合成、表征及其对水中苯甲酸的吸附性能研究

一、实验目的

(1) 学习超高交联吸附树脂的合成、表征及应用,了解水中有机污染物的去除方法。

(2) 学会使用红外光谱、元素分析、比表面积及孔径分布仪对超高交联吸附树脂进行表征的技术。

(3) 学会使用高效液相色谱仪测定水中苯甲酸的含量。

(4) 掌握树脂吸附苯甲酸的机理及吸附等温方程。

二、实验原理

近年来,随着世界各国工农业的迅速发展和人们环保意识的欠缺,许多有危害的有机化合物流入到水环境中,从而造成了水体的污染。去除水中的有机污染物,不仅是解决人类健康所需,也是解决水资源的资源化问题的途径之一。在“美国安全饮水令”中,吸附法被认为是最好的从水中吸附有毒有害的有机物质的可行性技术。吸附作为一种低能耗的固相萃取分离技术在工业上已有广泛的应用,目前采用的吸附剂主要有活性炭、改性纤维素、黏土、硅胶等,以活性炭吸附性能较佳,但其再生困难,吸附的物质难以实现资源化,且活性炭的机械强度差,使用寿命短,因而运行成本高,严重影响了它在工业上的推广应用。

20 世纪 70 年代以来,具有吸附及分离功能的高分子材料发展迅速,吸附树脂在各个领域得到广泛应用并已经成为一种独特的吸附分离技术。吸附树脂的化学结构和物理结构可以根据实际用途有针对性地进行设计和选择,这是其他吸附剂所无法比拟的。吸附材料的吸附特性主要取决于吸附材料表面的化学性质、比表面积和孔径。由于大孔吸附树脂的基质是人工合成的高分子化合物,因此可以通过选择各种适当的单体、致孔剂和交联剂,根据要求对孔结构进行调整;同时还可通过化学修饰改变表面的化学状态,因此与常规的吸附材料相比品种更多,性能更为优异。另外,大孔吸附树脂的应用范围广泛,吸附树脂通过分子间的作用力,可以从水溶液中广泛吸附有机溶质并可以用水、有机溶剂、酸、碱溶液等对被吸附物质进行洗脱,使用更为方便,从而实现对水中有机物进行富集、分离和回收再利用。

超高交联吸附树脂是一种非常独特的高分子材料,它具有很大的比表面积以及特殊的吸附特性,而且超高交联后能够阻止经溶剂脱附后网状结构的膨胀。据报道,通过修饰不同功能基的超高交联树脂都具有较好的吸附效果,它们能克服像常用的大孔吸附树脂所具有的在吸附剂和极性吸附质之间的极性匹配和吸附剂的微孔结构等方面的困难。

吸附等温线对于描述吸附剂吸附能力,用来对一定用途的吸附过程进行可行性评价,以及对于全面选择最合适的吸附剂和初步确定所需吸附剂用量来说,是非常有用的;此外,吸附等温线在预测和分析吸附模型也起着一定的作用。到现在,已有许多种模型可用来描述吸附等温线,其中 Langmuir 和 Freundlich 模型因简单、易确定参数并能够很好地拟合大量

的实验数据，它们在描述吸附过程上是用得最广泛的。

苯甲酸在超高交联吸附树脂上的吸附等温线可以用平衡模型 Langmuir 或 Freundlich 方程来拟合。

$$\text{Langmuir 方程：}\frac{C_e}{Q_e}=\frac{1}{q_m K_L}+\frac{C_e}{q_m}$$

$$\text{Freundlich 方程：}\log Q_e=\log K_f+\frac{1}{n}\log C_e$$

式中：Q_e 为有机物在吸附剂上的平衡吸附量(mmol/g)；C_e 为平衡时有机物在溶液中的摩尔浓度(mmol/L)；K_f 为平衡吸附系数；q_m 为饱和吸附量(mmol/g)；K_L 和 n 均为适用于相应方程的常数。

分别以 $C_e \sim C_e/Q_e$ 或 $\log C_e \sim \log Q_e$ 作图，绘制成直线，根据直线的斜率和截距求算 Langmuir 或 Freundlich 方程的吸附参数。

三、实验仪器与药品

1. 仪器

三颈烧瓶(1 000 mL，2 000 mL)、圆底烧瓶、带塞的锥形瓶(250 mL)、机械搅拌器、电热套、水浴锅、索氏提取器、干燥箱、比表面积及孔径分布测定仪、红外光谱仪、元素分析仪、高效液相色谱仪。

2. 药品

苯乙烯(含量 99.99%工业品)、二乙烯苯(含量 50.4%工业品)、氯甲醚(氯含量 42%工业品)、氯化锌(化学纯)、过氧化苯甲酰(分析纯)、盐酸(分析纯)、丙酮(分析纯)、明胶(照相级)、液蜡。

四、实验步骤

1. 低交联大孔苯乙烯-二乙烯苯共聚物的制备

低交联大孔苯乙烯-二乙烯苯共聚物通过悬浮聚合制得：在 2 000 mL 三颈烧瓶中，加入 1 200 mL 1%的明胶水溶液，加入由苯乙烯 176.0 g、二乙烯苯(含量 50.4%) 24.0 g、过氧化苯甲酰 2.0 g 和液蜡 100.0 g 混合组成的油相。调节搅拌速度至合适的粒度，在 80℃反应 12 h。然后冷却 2 h，过滤聚合物，用热水洗涤。滤干聚合物，用丙酮在索氏提取器中抽提 8 h，最后在温度 333 K(60℃)、真空度 10 mmHg 下真空干燥 2 h。

2. 低交联大孔苯乙烯-二乙烯苯共聚物的氯甲基化

在 1 000 mL 三颈烧瓶中，加入 100.0 g 低交联大孔聚苯乙烯树脂，用 600 mL 氯甲醚进行溶胀，然后分批加入 40.0 g 氯化锌，搅拌，在温度为 311 K(34℃)下反应 12 h。冷却后，过滤，置于索氏提取器中用丙酮抽提 8 h，然后在 333 K(60℃)、真空度 10 mmHg 下真空干燥2 h，得到氯甲基化大孔苯乙烯-二乙烯苯共聚物，氯含量约为 19.5%。

3. 超高交联聚苯乙烯树脂的合成

在装有机械搅拌、回流冷凝管并在冷凝管上装有氯化钙干燥管的 2 000 mL 三颈烧瓶中，加入 100.0 g 氯甲基化大孔交联聚苯乙烯树脂(氯含量约为 19.5 %)，600 mL 硝基苯，溶胀 12 h。加入 15.0 g 氯化锌，在 388 K(115℃)下反应 12 h。冷却后，抽滤，将聚合物加入含有 1 % HCl 的 300 mL 丙酮液中，搅拌 1 h。过滤，将聚合物置于索氏提取器中，用丙酮抽提8 h，在温度 333 K(60℃)、真空度 10 mmHg 下真空干燥 2 h，得到超高交联聚苯乙烯树脂。

4. 树脂的结构表征

聚合物吸附剂的比表面积及孔径分布根据 BET(Bruaaures S-Emmett H-Teller)方法，用氮气作吸附质，通过 Micromeritics ASAP 2010 比表面积及孔径分布仪测定；

聚合物的红外光谱使用溴化钾和树脂粉末压片法测定；

聚合物树脂的元素分析通过元素分析仪测定。

5. 静态吸附试验

称取一定量的苯甲酸，以二次蒸馏水溶解后配置成需要浓度的储备液，其浓度通过带可变双波长紫外检测器的 HPLC 测定，流动相为甲醇：水(V/V)＝70：30，流量为 1 mL/min，固定相为 ODS 柱，检测波长为 275 nm。

苯甲酸在三种不同温度(283 K(10℃)、303 K(30℃) 和 323 K(60℃)) 下的静态平衡吸附的操作过程如下：0. 100 g 树脂直接倒入 250 mL 带塞的锥形瓶中，分别加入 100 mL 浓度为 200 mg/L，400 mg/L，600 mg/L，800 mg/L 和 1 000 mg/L 苯甲酸水溶液，然后烧瓶置于预先设置温度和转速的恒温振荡器中振荡，待吸附达到平衡后，测定溶液中苯甲酸的浓度(C_e)。吸附剂相中吸附质的浓度 q_e(mmol/g) 通过下式计算：

$$q_e = V_1(C_o - C_e)/MW$$

式中：V_1为溶液的体积(L)；W 为干燥树脂的重量(g)；M 为苯甲酸的摩尔质量(g/mol)。

6. 吸附等温线的绘制及线性拟合

以 C_e 为横坐标，Q_e 为纵坐标，绘制不同温度下苯甲酸在超高交联吸附树脂上的吸附等温线。用平衡模型 Langmuir 或 Freundlich 方程来拟合。求算 Langmuir 或 Freundlich 方程的吸附参数。

五、问题与思考

(1) 列举两种以上常用吸附剂的性质和用途。

(2) 吸附树脂与传统吸附剂相比在处理水中有机污染物时有何优点？

(3) 超高交联树脂的特点是什么？与大孔吸附树脂相比较有何优点？

(4) 吸附树脂的结构可以通过哪些手段进行表征？

(5) 在废水处理中最常用的吸附等温模式有哪几种？它们有什么实用意义？

(6) 超高交联聚苯乙烯树脂的合成中用丙酮抽提的目的是什么？氯化锌在实验中的作用是什么？

(7) 对实验改进有哪些设想和建议？

六、参考文献

(1) 何炳林，黄文强. 离子交换与吸附. 上海：上海科技教育出版社，1995.

(2) Garcla-Delgado R. A. , Cotouelo-Minguez L. M. , Rodfiguez J. J. , Equilibrium study of single-solute adsorption of anionic surfactants with polymeric XAD resins, *Sep.*

Sci. Technol,1992,27(7),975～987.

(3) 邢蓉,刘福强,费正皓等. 超高交联吸附树脂对芳香有机物的吸附机理. 离子交换与吸附, 2005, 22(4): 330～338.

(4) 费正皓,陈金龙,李爱民等. 超高交联树脂对苯胺和对硝基苯胺的吸附行为. 应用化学,2003, 20(11): 1062～1065.

本实验按60学时的教学要求,教师可以相应增减内容。

实验25　碱性离子液体氢氧化1-丁基-3-甲基咪唑的制备及其催化合成3-乙酰基香豆素

一、实验目的

(1) 学习碱性离子液体氢氧化1-丁基-3-甲基咪唑的制备方法;
(2) 学习3-乙酰基香豆素的制备方法;
(3) 巩固搅拌滴加回流、萃取、过滤、减压蒸馏等基本操作;
(4) 巩固薄层色谱、柱色谱、萃取等基本操作。

二、实验原理

绿色化学是一种能最大限度从合理利用资源、环境保护、生态平衡等方面满足人类可持续发展需要的化学,既充分利用资源,又不污染环境。从源头上解决化学工业的污染问题,具有代表性的绿色化学技术包括:超临界流体 CO_2 (Supercritical carbon dioxide)作反应介质和产物的转移载体;以水为介质的水相反应;全氟溶剂 (Perfluorocarbons)-有机溶剂组成的氟两相技术;离子液体(Ionic liquid)作溶剂/催化剂的非均相反应。离子液体的问世被国际上公认为绿色化学领域中的一个重要突破,为人们解决化工过程面临的既要高效又要环境友好的双重挑战提供了极其重要的途径。

香豆素(又称双呋喃环和氧杂萘邻酮,英文名称为 coumarin),是一种重要的香料,天然存在于黑香豆、香蛇鞭菊、野香荚兰、兰花中。香豆素衍生物被广泛应用于药物、食品、化妆品、农用化学品、香料、染料等领域,因此,该类化合物的合成研究引起了有机化学家和药物化学家的极大关注。香豆素衍生物的传统合成方法是以 Lewis 酸、无机酸或碱为催化剂,存在步骤较多、操作繁琐、反应条件剧烈、酸或碱用量大、危害环境等缺点。近年来,研究人员尝试采用离子液体催化合成香豆素衍生物。

离子液体是指在室温或接近室温下呈现液态的、完全由阴阳离子所组成的盐,也称为低温熔融盐。离子液体一般由有机阳离子和无机阴离子组成,熔点较低的主要原因是组成盐类的阳离子的低对称性、分子间的弱相互作用、电荷在阳离子上的平均分布以及晶体的低效堆积等。与常规的有机溶剂相比,离子液体拥有其独特的、不可比拟的优点,譬如:无味、无恶臭、无污染、不易燃、对有机物和无机物都有良好的溶解性能,易与产物分离、易回收、可反复多次循环使用和使用方便等优点,是传统挥发性溶剂的理想替代品,是环境友好的绿色溶剂。离子液体在分离工程、合成化学、电化学、分析化学等领域具有十分重要的应用价值及广泛的应用前景。本实验使用的碱性离子液体氢氧化1-丁基-3-甲基咪唑([BMIM]OH),在3-乙酰基香豆素合成过程中作为反应溶剂的同时又起着催化剂的作用。

离子液体的性能主要由组成的阳离子和阴离子共同决定,可以采用分子设计对其进行调整,其 Lewis 酸、碱性和 Brønsted 酸、碱性可以根据需要进行调节,因此,离子液体也被称为"可以设计的溶剂"(designer solvents)。离子液体的发展经历三个阶段:① 在20世纪80

年代末期主要发展了卤化铝盐型酸性离子液体，并成功应用于酸催化的反应；② 90 年代主要发展了咪唑、吡啶、季铵盐型等离子液体，相对于第一种离子液体，对空气和水比较稳定是这类离子液体最大的优势；③ 当前该领域研究的热点之一就是功能化离子液体的设计，利用离子液体结构可控的原理，对其阳离子或者阴离子进行结构改造，可合成具有特定功能的离子液体，从而实现结构设计-功能应用的完美统一。

(1) 碱性离子液体的结构式：

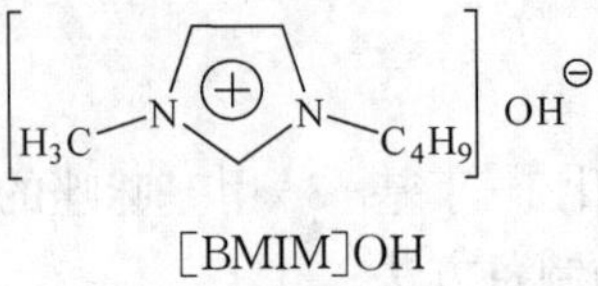

$OH^{\ominus}$

[BMIM]OH

(2) 离子液体氢氧化 1-丁基-3-甲基咪唑的合成：利用甲基咪唑与溴代正丁烷的季铵化反应得到溴化 1-丁基-3-甲基咪唑的盐，再与氢氧化钠在水溶液中进行离子交换反应来合成氢氧化 1-丁基-3-甲基咪唑：

$+\ n-C_4H_9Br \xrightarrow{80\sim85\ ℃}$ 溴化物中间体

溴化物中间体 + NaOH $\xrightarrow{r.t.}$ [BMIM]OH

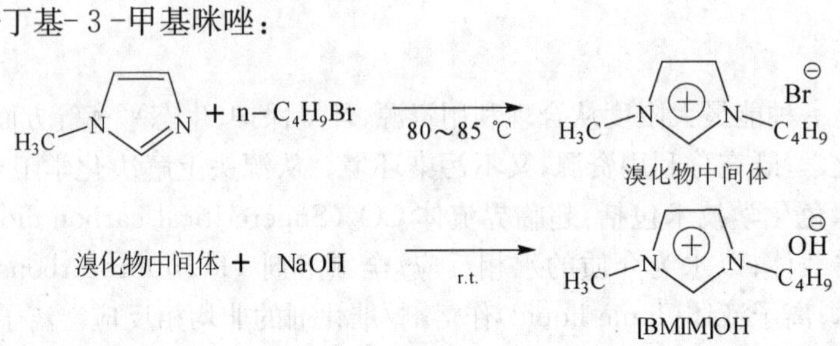

(3) 3-乙酰基香豆素的合成：利用水杨醛与乙酰乙酸乙酯的串联 Knoevanagel/分子内酯交换反应来合成 3-乙酰基香豆素。利用碱性离子液体氢氧化 1-丁基-3-甲基咪唑 [BMIM]OH 作为反应溶剂和催化剂进行反应：

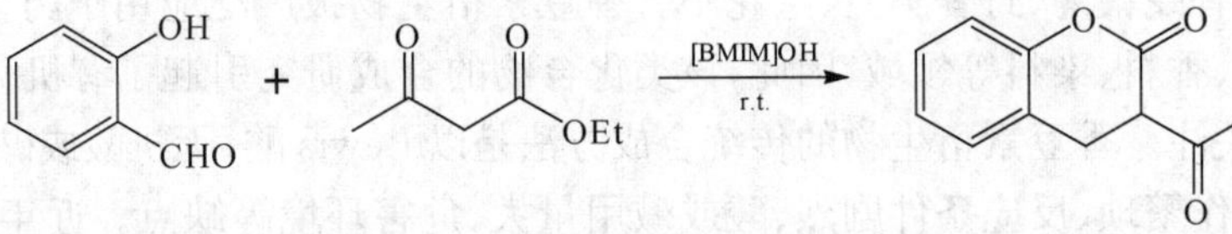

$\xrightarrow[r.t.]{[BMIM]OH}$

(4) 本实验经历了 Knoevanagel/分子内酯交换反应——串联反应，机理如下：

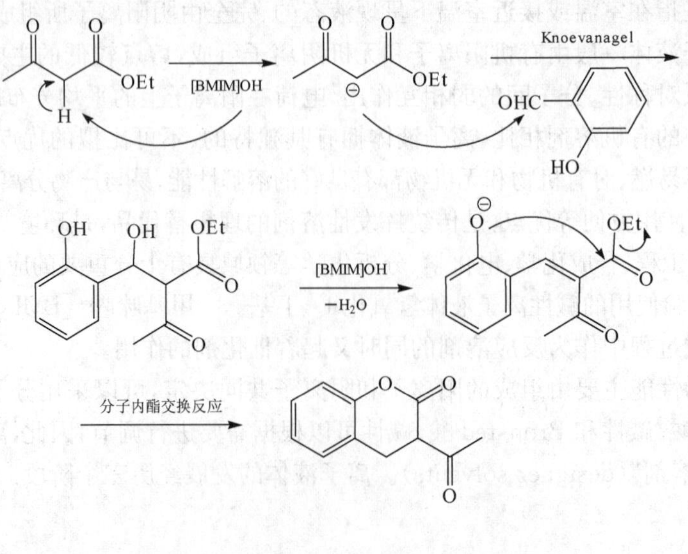

$\xrightarrow{[BMIM]OH}$ $\xrightarrow{Knoevanagel}$

$\xrightarrow[-H_2O]{[BMIM]OH}$

$\xrightarrow{分子内酯交换反应}$

三、实验仪器与药品

1. 仪器

三口烧瓶(100 mL)、圆底烧瓶(50 mL、100 mL)、分液漏斗、搅拌器、旋转蒸发仪、薄层层析硅胶板、层析柱、熔点测定仪、红外光谱仪、核磁共振仪。

2. 药品

甲基咪唑、溴代正丁烷、乙酸乙酯、丙酮、氢氧化钠、水杨醛、乙酰乙酸乙酯、石油醚、无水硫酸钠、硅胶。

四、实验步骤

1. 溴化 1 -丁基- 3 -甲基咪唑的盐的合成

将 1 -甲基咪唑(8.21 g, 0.1 mol)置于 100 mL 的三口烧瓶中，加热至 60℃，然后滴加溴代正丁烷(13.7 g, 0.1 mol)，控制滴加速度使温度不超过 90℃，滴加完毕后在 80～85℃继续反应 2 h，反应完毕后，得到淡黄色黏稠状液体溴化物的中间体。将该液态粗产物用乙酸乙酯洗涤 3 次，分液，得到溴化 1 -丁基- 3 -甲基咪唑中间体。

2. 碱性离子液体氢氧化 1 -丁基- 3 -甲基咪唑的合成

将溴化 1 -丁基- 3 -甲基咪唑中间体(10.95 g, 0.05 mol)、氢氧化钠(2.0 g, 0.05 mol)以及 50 mL 水置于 100 mL 的圆底烧瓶中，50～60℃搅拌反应 4 h，反应结束后旋转蒸发除去水分，将剩余物用丙酮溶解，过滤除去不溶物，旋转蒸发除去丙酮，真空干燥得到橙黄色至棕色黏稠状液体，即氢氧化 1 -丁基- 3 -甲基咪唑。

3. 结构表征，通过测定 IR、^{1}H NMR、^{13}C NMR 确定其结构

文献给出的氢氧化 1 -丁基- 3 -甲基咪唑的数据：

IR(KBr, cm^{-1})：3 435，3 060，1 569，1 168。

^{1}H NMR (300 MHz, $CDCl_3$) δ：10.15 (s, 1H)，7.59 (d, J =1.5 Hz, 1H)，7.46 (d, J = 1.5 Hz, 1H)，4.23 (t, J =7.2 Hz, 2H)，4.00 (s, 3H)，3.18－3.25 (bs, 1H)，1.76－1.86 (m, 2H)，1.15－1.32 (m, 2H)，0.83 (t, J =7.2 Hz, 3H)。

^{13}C NMR (75 MHz, $CDCl_3$) δ：136.5，123.5，122.0，49.3，36.4，31.8，19.0，13.1。

4. 3 -乙酰基香豆素的合成

在圆底烧瓶(50 mL)中加入水杨醛(122 mg, 1 mmol)、乙酰乙酸乙酯(260 mg, 2 mmol)、氢氧化 1 -丁基- 3 -甲基咪唑[BMIM]OH(80 mg, 0.5 mmol)。室温下搅拌反应，薄层色谱(TLC)跟踪反应。原料基本消失后，反应混合物用乙酸乙酯萃取(2×10 mL)，合并后的乙酸乙酯萃取液用水洗(1×10 mL)，饱和盐水洗(1×10 mL)，经无水硫酸钠干燥，过滤，浓缩得粗产物。将粗产物用硅胶柱色谱纯化(洗脱剂为石油醚与乙酸乙酯的混合液)，即得 3 -乙酰基香豆素。

5. 结构表征，通过测定熔点、IR、^{1}HNMR、^{13}C NMR 确定其结构。

文献给出的 3 -乙酰基香豆素的数据：

熔点：119～120℃。

IR (KBr, cm^{-1})：1 740 (C═O)，1 676 (C═O)，1 614 (C═C)。

^{1}H NMR (400 MHz, $CDCl_3$) δ：8.51(s, 1H)，7.70 - 7.62(m, 2H)，7.41 - 7.32(m,

2H),2.73 (s, 3H)。

^{13}C NMR (100 MHz, $CDCl_3$) δ: 195.5,159.2,155.4,147.5,134.4,130.2,125.0,124.6,118.3,116.7,30.6。

离子液体的回收:产物萃取后残余的离子液体用少量乙酸乙酯洗涤,真空干燥,备用。

注:① 所用装置要提前烘干;

② 离子交换反应也可以在室温条件下反应 24 h 完成。

五、问题与思考

(1) 季铵化反应通常用哪些介质? 试举出三种以上例子。

(2) 溴化 1-丁基-3-甲基咪唑的盐的制备中如果温度过高可能会有什么影响?

(3) 离子交换反应结束后,如果旋转蒸发除去水分不干净会有什么影响? 如何进行补救?

(4) 香豆素衍生物的传统合成方法所用的催化剂、反应介质有哪些? 各举出三种以上例子。

(5) 碱性离子液体可以催化哪些反应? 举出三种以上例子。

(6) 3-乙酰基香豆素的提纯可以用重结晶方法吗? 如果可以,哪些溶剂可以适用?

(7) 在合成邻羟基苯乙酮时如果乙酸苯酚酯的量较少,如何进行操作? 在合成邻羟基苯乙酮时主要的副产物是什么? 如何除去? 为什么可以这样操作?

六、参考文献

(1) 曹健,郭玲香. 有机化学实验. 南京:南京大学出版社,2009.

(2) Earle M. J, Esperanca J. M. S. S, Gilea M. A, Lopes J. N. C, Rebelo L. P. N, Magee J. W, Seddon K. R, Widegren J. A. The distillation and volatility of ionic liquids. Nature, 2006, 439: 813～814.

(3) 方东,杨锦明,王庆东. 结合示范中心建设 探索有机化学实验教学改革. 实验室研究与探索,2010, 29(12): 82～84.

(4) Ranu, B. C.; Banerjee, S. Ionic Liquid as Catalyst and Reaction Medium. The Dramatic Influence of a Task-Specific Ionic Liquid, [bmIm]OH, in Michael Addition of Active Methylene Compounds to Conjugated Ketones, Carboxylic Esters, and Nitriles. Org. Lett, 2005, 7(14): 3049～3052.

(5) 何延红,官智. 一个绿色微型有机合成实验:离子液体中 3-乙酰基香豆素的合成. 西南师范大学学报(自), 2012, 32 (1): 122～125.

(6) Ranu, B. C.; Jana, R. Ionic Liquid as Catalyst and Reaction Medium. A simple, efficient and green procedure for Knoevenagel condensation of aliphatic and romatic carbonyl compounds using a task-specific basic ionic liquid. Eur. J. Org. Chem, 2006, (16): 3767～3770.

本实验按 60 学时的教学要求,教师可以相应增减内容。

实验 26　汽油添加剂甲基叔丁基醚的合成、分离和鉴定

一、实验目的

（1）通过汽油添加剂甲基叔丁基醚的合成，掌握均相催化反应技术。

（2）进一步巩固蒸馏、洗涤、干燥、折光率测定等基本操作技术。

（3）掌握利用气相色谱、红外光谱等大型仪器对产品结构鉴定的技术。

二、实验原理

甲基叔丁基醚（MTBE）为低沸点液体（b. p. 55.2℃），作为汽油抗爆剂已经在全世界范围内普遍使用，它不仅能提高汽油辛烷值，而且还能改善汽车性能，降低排气中 CO 和有机物含量，同时降低汽油生产成本。随着无铅汽油的推广使用，MTBE 的用量不断增加。目前，中国每年对 MTBE 的需求量约为 5×10^{6} t。

目前，生产甲基叔丁基醚的工艺主要是由异丁烯和甲醇在低压下通过离子交换树脂催化反应而得，但也有用改性沸石或固载杂多酸作催化剂，以异丁烯和甲醇为原料气固相催化合成，其反应为：

$$CH_3\underset{\large CH_3}{\underset{|}{C}}=CH_2 + CH_3OH \xrightarrow{\text{酸性催化剂}} CH_3\overset{\large CH_3}{\overset{|}{\underset{\large CH_3}{\underset{|}{C}}}}OCH_3$$

由于 MTBE 需求量的急剧膨胀，异丁烯原料远远满足不了需求。因此，需要开发制取 MTBE 的非异丁烯原料路线。从甲醇和叔丁醇[1]制取 MTBE 是一条极有价值的工艺路线，因为叔丁醇很容易通过丁烷氧化得到。国内外大量报道了甲醇和叔丁醇反应制 MTBE 的醚化催化剂，如 ZSM－5、负载的 ZSM－5、负载的 Y－沸石和用氟磷改性的 Y－沸石分子筛以及杂多酸盐等。

在实验室制备中，甲基叔丁基醚可用威廉森（Williamson）制醚法制取，反应式为：

$$CH_3\overset{\large CH_3}{\overset{|}{\underset{\large CH_3}{\underset{|}{C}}}}ONa + CH_3X \longrightarrow CH_3\overset{\large CH_3}{\overset{|}{\underset{\large CH_3}{\underset{|}{C}}}}OCH_3 + NaX$$

也可用硫酸脱水法合成。因为叔丁醇在酸催化下容易形成较稳定的碳正离子，继而与

---

〔1〕 叔丁醇的熔点为 25.5℃沸点为 82.5℃，有少量水存在时呈液体。当室温较低，加料困难时，可以加入少量水，使之液化后再加料；18.5 g 叔丁醇中加入 2 mL 水，可配成 90%的叔丁醇约 25 mL；分馏后期，馏出速度大大减慢，此时略微调高温度，当柱顶温度有较大波动时，说明反应瓶中甲基叔丁基醚已基本馏出。

甲醇作用生成混合醚。反应式为：

$$\begin{array}{c}CH_3\\|\\CH_3COH\\|\\CH_3\end{array} + CH_3OH \xrightarrow{15\%\ H_2SO_4} \begin{array}{c}CH_3\\|\\CH_3COCH_3\\|\\CH_3\end{array} + H_2O$$

本实验以甲醇和叔丁醇为原料，用液体酸（硫酸）为催化剂，进行均相催化合成甲基叔丁基醚。

三、实验仪器与药品

1. 仪器

磁力搅拌器、水浴锅、三颈烧瓶（250 mL，19#）、分馏柱（19#）、冷凝管（19#）、温度计、阿贝折射仪、红外光谱仪、气相色谱仪。

2. 药品

硫酸、甲醇、叔丁醇、金属钠、无水碳酸钠。

四、实验步骤

1. 甲基叔丁基醚的合成

在一个 250 mL 三颈烧瓶的中颈装配一支分馏柱，一侧装一支插到接近瓶底的温度计，另一侧用塞子塞住。分馏柱顶上装有温度计，其支管依次连接冷凝管、带支管的接引管和接受器。接引管的支管接一根长橡皮管，通到水槽的下水管中。接受器用冰水浴冷却。

仪器装好以后，在烧瓶中加入 90 mL 15%硫酸、20 mL 甲醇和 25 mL 90%叔丁醇，混合均匀。加入几粒沸石，加热。当烧瓶中的液温到达 75～80℃时，产物便慢慢地被分馏出来。控制加热程度，使分馏柱顶的蒸气温度保持在(51±2)℃，以每分钟约 0.5～0.7 mL 的速度收集馏出液。当分馏柱顶的温度明显波动时，停止分馏。全部分馏时间约 1.5 h，共收集粗产物 27 mL 左右。

将馏出液移入分液漏斗中，用水多次洗涤，每次用 5 mL 水。为了除去其中所含的醇，需要重复洗涤 4～5 次。当醇被除掉后，醚层清澈透明。分出醚层，用少量无水碳酸钠干燥。将醚转移到干燥的回流装置中，加入 0.5～1 g 金属钠，加热回流 0.5～1 h。最后将回流装置改装为蒸馏装置，接受器用冰水浴冷却，蒸出甲基叔丁基醚，收集 54～56℃的馏分。称量，计算产率。理论产量：约 10 g。

纯甲基叔丁基醚为无色透明液体，沸点 55.2℃，d_4^{20}：0.7405，n_D^{20}：1.3689。

2. 甲基叔丁基醚的鉴定

所得产品分别用气相色谱仪、阿贝折射仪和红外光谱仪进行鉴定。甲基叔丁基醚的红外光谱图如图 26－1 所示。

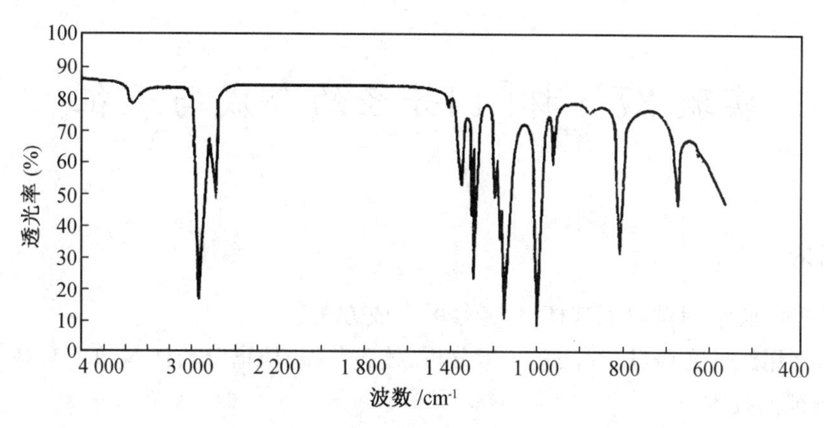

图 26－1　甲基叔丁基醚的红外光谱图

五、问题与讨论

(1) 通常，混合醚的制备宜采用 Williamson(威廉逊)合成法，为什么本实验可以用硫酸催化脱水法制备混合醚——甲基叔丁基醚？

(2) 为什么要以稀硫酸作催化剂？如果采用浓硫酸作催化剂会使反应产生什么结果？

(3) 分馏时柱顶的温度应尽量控制在 51℃左右，不超过 53℃为宜，为什么？温度高了会有什么不利？

(4) 用金属钠回流的目的是什么？如果不进行这一步处理而将干燥后的醚层直接蒸馏，对结果会有什么影响？

(5) 试述汽油添加剂的目的和作用机理。

(6) 通过查阅文献，总结国内外合成甲基叔丁基醚的方法，并比较其优缺点。

六、参考文献

(1) 杜志强. 综合化学实验[M]. 北京：科学出版社，2005.

(2) 高占笙，何德芬，史国芬. 甲醇和叔丁醇一步合成甲基叔丁基醚[J]. 齐鲁石油化工，1998，26(2)：116～119.

(3) 袁兴东，李国辉，周敬来. 合成甲基叔丁基醚的沸石分子筛催化剂的研究[J]. 石油化工，2000(29)：826～828.

(4) 李永红，王莅，余少兵等. 合成甲基叔丁基醚的分子筛催化剂研究[J]，催化学报，2000，21(4)：323～326.

(5) 赵景联，苏科峰等. 固体酸催化甲醇和叔丁醇合成甲基叔丁基醚的研究[J]. 精细石油化工进展，2000，1(6)：14～17.

(6) 周锦兰，张开诚. 实验化学[M]. 武汉：华中科技大学出版社，2005.

(7) 高占先. 有机化学实验(第四版)[M]. 北京：高等教育出版社，2004.

本实验按 15 学时的教学要求，教师可以相应增减内容。

实验 27 杯[4]芳烃的合成与表征

一、实验目的

(1) 通过实验掌握对叔丁基杯[4]芳烃的合成方法。

(2) 掌握用红外光谱(压片法)、元素分析、核磁共振、质谱分析法对叔丁基杯[4]芳烃的结构进行表征的技术。

二、实验原理

超分子化学是一门新兴的学科,它是基于冠醚和穴状配体等大环配体的发展以及分子自组装的研究而发展起来的。超分子体系是由两个或两个以上的分子通过分子间超分子作用联接起来的实体。超分子作用对于某些化学反应过程具有重要意义,特别是相当多的生物化学过程离不开这种作用,如底物与蛋白质的作用,酶催化过程,遗传密码的复制、翻译、转录等以及抗体与抗原的作用等。冠醚和环糊精是化学家们研究得较多的能形成超分子体系的主体分子,随着大环化学的发展,又出现了第三代超分子主体化合物——杯芳烃。杯芳烃及其衍生物的合成和物性研究成了迅速发展的领域。

杯芳烃是苯酚与甲醛反应得到的环状缩合物,其分子内可以包含 4,5,6,7,8 个苯环,其结构如图 27-1 所示。目前研究得较多的是含有 4,6,8 个苯环的杯芳烃及其衍生物。在这些杯芳烃及其衍生物中,杯[4]芳烃比杯[6]芳烃和杯[8]芳烃的构象更稳定,更容易合成,因此研究得最多。

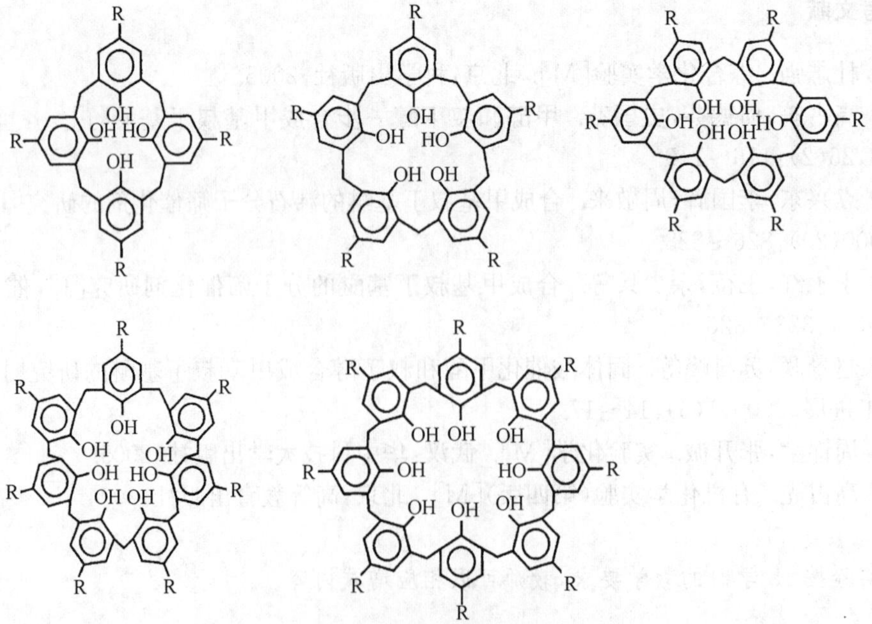

图 27-1 杯芳烃的结构

在杯芳烃分子中，具有由亚甲基连接的苯环组成的憎水空腔，能与中性分子形成包结配合物；具有易于导入官能团或用于催化反应的羟基，该羟基紧密而有规律地排列，能够螯合和输送阳离子。这种独特的结构使离子型和中性分子都可作为杯芳烃形成配合物的客体分子，与冠醚和环糊精相比具有明显的优越性。而且，杯芳烃的空腔大小可以调节；通过控制不同的反应条件，引入合适的取代基可以得到不同的构象，由此可以制备大量具有独特性能的主体分子(杯芳烃衍生物)。同时，杯芳烃还具有熔点高、热稳定性和化学稳定性好，在大多数溶剂中溶解度低、毒性低和糅合性好等特殊性质。

本实验将合成杯芳烃中最简单的一种：对叔丁基杯[4]芳烃。以对叔丁基杯[4]芳烃为母体，可以根据需要引入各种官能团，合成各种不同的杯芳烃衍生物。杯芳烃衍生物可大致分为三种类型：一是对位取代型(改变取代基)，二是羟基置换型，三是桥连型，这三种类型之间还可以相互结合。

杯芳烃及其衍生物具有离子载体和分子识别及包合两大功能：能选择性地络合和输送金属离子，可以用于提取贵重金属和稀有金属；能选择性地络合中性有机化合物，可以用于污水处理(如从污水中提取有害有机化合物和有毒重金属)；分子内的憎水性空腔可以识别和包合有机溶剂分子；可以用作离子选择性电极材料；可以作为生物模拟酶，催化某些生物反应等。

三、实验仪器与药品

1. 仪器

250 mL 锥形瓶、250 mL 三颈瓶、空气冷凝管、油浴、氮气钢瓶、布氏漏斗、吸滤瓶、电磁搅拌器、电热套。

2. 药品

对叔丁基苯酚(C. P.)、甲醛(A. R.)(w=37%)、二苯醚(A. R.)、乙酸乙酯(A. R.)、冰醋酸(A. R.)、甲苯(A. R.)、氢氧化钠(A. R.)、盐酸。

四、实验步骤

1. 对叔丁基杯[4]芳烃合成

在 250 mL 锥形瓶中，加入 10 g(0.066 mol)对叔丁基苯酚，6.3 mL(0.083 mol)37%的甲醛，摇动 5 min 后加入 0.12 g(0.003 mol)NaOH 溶于最少量水的溶液，剧烈摇动 10 min，在 110～120℃的油浴中加热，电磁搅拌 5～6 h，反应混合物变为黄色固体，冷却至室温，捣碎。

将得到的黄色粉末加入到盛有 100 mL 二苯醚的 250 mL 三颈瓶(装有机械搅拌器、氮气入口和空气冷凝管)中，在电热套上加热，逐步升温至 140℃，在氮气入口缓慢滴加1.5 mL 冰醋酸，在氮气气氛下吹出水分，逐步升温至回流温度，再回流 2 h，停止反应，冷却至室温。反应方程式如下：

$$\text{(对叔丁基苯酚, OH)} + HCHO \xrightarrow[\triangle]{OH^-} \xrightarrow[HAc]{(C_6H_5)_2O} \text{[对叔丁基苯酚亚甲基]}_4$$

再往三颈瓶中滴加 1.5 mL 浓盐酸,加入 125 mL 乙酸乙酯,搅匀后静置 0.5 h,析出大量沉淀,过滤,得白色晶体,用甲苯重结晶,得纯白色晶体。

2. 对叔丁基杯[4]芳烃结构的表征

取少量产品测定熔点(文献值:342～346℃),做红外光谱(压片法),元素分析[理论值:w(C)=81.48%,w(H)=8.64%],核磁共振,质谱分析,以确定产品是否为目标化合物对叔丁基杯[4]芳烃。

3. 对叔丁基杯[4]芳烃的衍生反应

对叔丁基杯[4]芳烃的衍生反应可以分为两类,如图 27-2 所示:一类为酚羟基反应,即使酚羟基转化为醚、酯和酰胺等官能团;另一类反应是使对叔丁基杯[4]芳烃(1)经过 $AlCl_3$ 处理脱去叔丁基转化为杯[4]芳烃(2),以杯[4]芳烃(2)为前体进行亲电反应、Claisen 重排、氯甲基化及季胺盐化等反应引入各种官能团。通过这两类反应,得到各种杯[4]芳烃衍生物,例如:

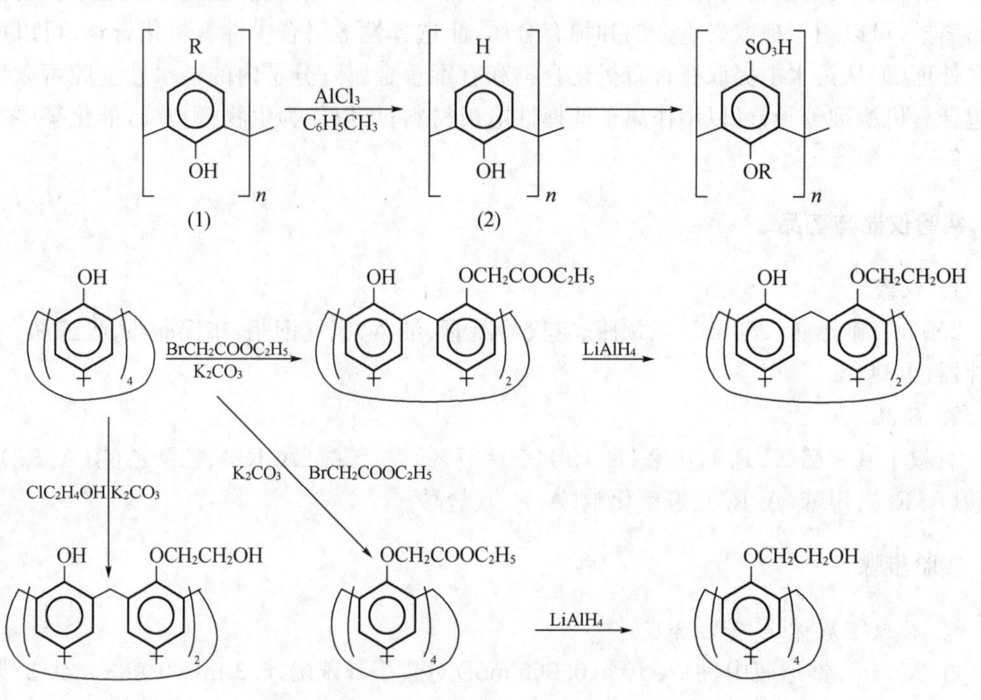

图 27-2　对叔丁基杯[4]芳烃的衍生反应

五、问题与讨论

(1) 为什么杯芳烃比冠醚和环糊精更适合于作为超分子主体化合物?

(2) 杯芳烃为什么具有较高的熔点?

(3) 试分析本实验合成的对叔丁基杯[4]芳烃可能有几种构象异构体? 并写出它们的具体构象。

(4) 举例说明杯[4]芳烃及其衍生物的应用实例。

(5) 从查阅文献入手,设计合成含有羟基、磺酸基或胺基的杯[4]芳烃衍生物并加以表征。

六、参考文献

（1） Gutsche C D, Dhawan B, Kwang H N et al. Calixarenes 4. The Synthesis characterization and Properties of the Calixarenes from p-tert-Butylphenol[J]. J. Am. Chem. Soc. ,1981,103(13):3782～3792.

（2） Gutsche C D. Iqbal Al;Stewart D. Clalixarenes l8 Synthesis procedures for p-tert-Butylcalix[4]arene[J]. J. Org. Chem. ,1986,51(5):742～745.

（3） 王键吉，刘文彬，卓克垒等. 杯芳烃应用研究的新进展[J]. 化学通报，1996 (2):11～16.

本实验按 15 学时的教学要求，教师可以相应增减内容。

实验 28　植物叶绿体色素的提取、分离、表征及含量测定

一、实验目的

（1）学习提取、分离植物叶片中叶绿素和胡萝卜素色素的原理和方法。

（2）学习利用光谱技术（导数分光光度法、同步荧光法）和色谱技术（薄层色谱法、高效液相色谱法）对叶绿体色素进行表征和含量测定。

（3）初步掌握天然产物的提取、分离、鉴定及含量测定等实验技术。

二、实验原理

植物光合作用是自然界最重要的现象，它是人类所利用能量的主要来源。在把光能转化为化学能的光合作用过程中，叶绿体色素起着重要的作用。高等植物体内的叶绿体色素有叶绿素（Chlorophylls）和类胡萝卜素（Carotenoids）两类，主要包括叶绿素 a（$C_{55}H_{72}O_5N_4Mg$）、叶绿素 b（$C_{55}H_{70}O_6N_4Mg$）、β-胡萝卜素（$C_{40}H_{56}$）和叶黄素（$C_{40}H_{56}O_2$）等 4 种。结构如图 28－1 所示。叶绿素 a 和叶绿素 b 为吡咯衍生物与金属镁的配合物，β-胡萝卜素和叶黄素为四萜类化合物。根据它们的化学特性，可将它们从植物叶片中提取出来，并通过萃取、沉淀和色谱方法将它们分离开来。

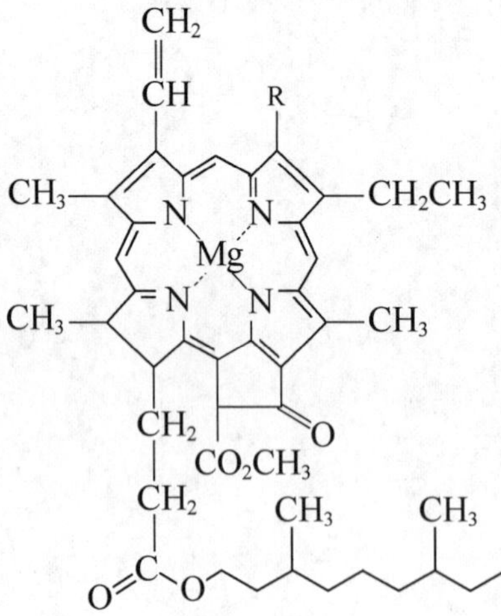

叶绿素 a(R=CH_3)
叶绿素 b(R=CHO)

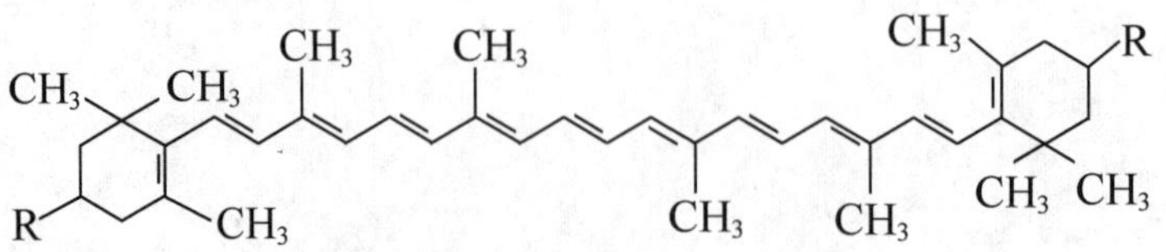

β- 胡萝卜素 (R=H)　　　　叶黄素 (R=OH)

图 28－1　叶绿素 a、叶绿素 b、β-胡萝卜素和叶黄素的结构式

叶绿素 a 和叶绿素 b 的分子结构相似，它们的吸收光谱、荧光激发光谱和发射光谱重叠，用常规分光光度法和荧光方法难以实现其同时测定。但利用一阶导数光谱技术和同步荧光技术，消除了叶绿素 a 和叶绿素 b 的光谱干扰，可以同时测定它们的含量。

高效液相色谱是在高效分离的基础上对各个色素进行含量测定，对叶绿素和胡萝卜素等天然产物的分析测定是一种非常有效的手段。

三、实验仪器与药品

1. 仪器

岛津 UV－2450 型或其他类型具有导数功能的自动扫描式分光光度计、LS 50B 型或其他具有同步荧光功能的荧光分光光度计、Agilent 1100 型或其他 HPLC 仪(包括紫外可见检测器和色谱化学工作站)、研钵、量筒、分液漏斗等常用玻璃仪器，离心机、层析缸、培养皿、新华 1 号层析滤纸、柱色谱装置。

2. 药品

叶绿素 a、叶绿素 b 和 β－胡萝卜素纯品为定购产品、甲醇和乙腈为液相色谱淋洗剂、丙酮、乙醇、甲醇、乙醚、石油醚等有机溶剂、饱和氯化钠水溶液、碳酸镁(AR)、无水硫酸钠、四氯化碳、硅胶 G、中性氧化铝等吸附剂。

四、实验步骤

1. 叶绿体色素的提取和色谱分离

(1) 叶绿体色素的提取[1]

选取新鲜绿叶蔬菜如菠菜，洗净后废除叶柄和中脉，然后用吸水纸将菜叶表面的水分吸干。称取处理过的菜叶 10 g，剪碎后放入干净的研钵内，加入 0.5 g 碳酸镁，先将菜叶粗捣烂，然后加入 20 mL 丙酮，迅速研磨 5 min。倒入不锈钢网滤器过滤，残渣再研磨提取 1 次。合并滤液，转入预先放有 20 mL 石油醚的分液漏斗中，加入 5 mL 饱和 NaCl 溶液和45 mL 蒸馏水，摇匀，使色素转入石油醚层。再用 50 mL×2 蒸馏水洗涤石油醚层 2 次。往石油醚色素提取液加入无水 Na_2SO_4 除水，并用旋转蒸发仪进行浓缩，约得 10 mL 提取液。

(2) 纸色谱分离[2]

① 方法一　采用新华 1# 色谱滤纸，展开剂用石油醚-乙醚-甲醇(体积比为 30∶1.0∶0.5)。展开方式可以采用上升法、下降法或辐射法等。如为制备少量天然叶绿素 a 和叶绿素 b 纯品，最好采用辐射法。用毛细管在直径为 11 cm 滤纸中心重复点样 3～4 次，斑点约 1 cm。吹干后，另在样斑中心点加 1～2 滴展开剂，让样品斑形成一个均匀的样品环。沿着样品环中心穿一个直径约为 3 mm 的洞，做一条 2 cm 长的滤纸芯穿过。取一对直径为 10 cm 培养皿，其中一个倒入约 1/3 的石油醚-乙醚-甲醇展开剂，放上层析滤纸，盖上另一培养皿，展开。

---

[1] 叶绿体色素对光、温度、氧气、酸碱及其他氧化剂都非常敏感。色素的提取和分析一般都要在避光、低温及无干扰的情况下进行。提取液不宜长期存放，必要时应抽干充氮避光低温保存。

[2] (2)、(3)、(4)法任选一种进行色谱分离。记录色谱分离谱图，包括斑点的颜色和形状，展开时间及前沿形状，计算比移值，确定各色素组分。

② 方法二 在一个 0.5 L 的层析缸里进行，放入 1.5 cm 深的四氯化碳，并让溶剂饱和一段时间。取一 20 cm×20 cm 层析滤纸，在滤纸的底部大约 2.5 cm 处用铅笔轻轻画一条线。利用毛细管将色素提取液沿着铅笔线间断画一条大约 2～3 cm 长的样品线，然后使其晾干。必要时可重复点样直至样品带呈深绿色。晾干后，将纸卷成一个松散的圆筒，上端用回形针固定，将其立在层析缸里。当展开至靠近顶端时，取出滤纸晾干。

纸色谱分离后，可将叶绿素 a 和叶绿素 b 色带分别剪下，用体积比为 9∶1 的丙酮-水溶液浸取溶出色素，低温避光保存，以备配制光谱标准液时使用。

(3) 硅胶薄层色谱分离

采用 5 cm×20 cm 硅胶板，105℃活化 0.5 h。展开剂为石油醚(60～90℃)-丙酮-乙醚(体积比为 3∶1∶1)。

在距薄层板一端约 1.5 cm 处的水平横线作为起始线。用平口毛细管吸取样品溶液在起始线上点样，重复点样 3～4 次，样品点直径应约 1 cm。在层析缸中加入适量展开剂，将点好样的薄层板放入其中，使点样一端向下，展开剂不应浸没样点。盖好盖子，放置一段时间，观察展开情况，当展开剂前沿上升至距板上端约 1.5～2 cm 时取出晾干。薄层色谱分离后，分别将各个色带刮下，用体积比为 9∶1 的丙酮-水溶液溶出，过滤收集各色带后，放入棕色瓶低温保存。

(4) 氧化铝柱色谱分离

在直径为 1.0 cm 的加压色谱柱底部放少量的玻璃丝，分别加入 0.5 cm 高的海沙、10 cm 高的色谱中性氧化铝(250 目)和 0.5 cm 高的海沙。加入 25 mL 石油醚，用打气球加压浸湿氧化铝填料。整个洗脱过程应保持液面高于氧化铝填料。将 2.0 mL 植物色素提取液加到色谱柱顶部。流完后，再加少量石油醚洗涤，使色素全部进入氧化铝柱体。加入 25 mL 石油醚-丙酮(体积比为 9∶1)溶液，适当加压洗脱出第一个有色组分-橙黄色的β-胡萝卜素溶液。然后约用 50 mL 石油醚-丙酮体积比为 7∶3 的溶液洗脱出第二个黄色带-叶黄素溶液和第三个色带-叶绿素 a(蓝绿色)。最后用石油醚-丙酮体积比为 1∶1 的溶液洗脱叶绿素 b(黄绿色)组分。收集各色带后，放入棕色瓶低温保存。

(5) 样品表征鉴定和纯度测定

色谱法分离得到的样品组分，可用吸收光谱(400～700 nm)和荧光光谱进行表征和鉴定。其纯度可通过薄层色谱和后面实验的 3 种测定技术进行测定。

2. 叶绿素 a 和叶绿素 b 的同时测定

(1) 标准溶液系列的配制

应用多波长分光光度法确定用纯品试剂配制或用提纯液经分离配制的标准液的浓度。计算公式为：

$$\text{叶绿素 a}: c_{\text{Chl a}}(\mu g \cdot mL^{-1}) = 9.78A_{662} - 0.99A_{644}$$

$$\text{叶绿素 b}: c_{\text{Chl b}}(\mu g \cdot mL^{-1}) = 21.43A_{644} - 4.65A_{662}$$

式中：吸光度 A 的下标为测定波长。标准溶液系列均采用体积比为 9∶1 的丙酮-水溶液配制，一般采用 5 种不同浓度的标准溶液绘制工作曲线。

(2) 样品试液的制备

样品可以是各种绿色植物叶片，一般取自市场购买的新鲜蔬菜。取 0.5 g 左右干净新鲜去脉的菜叶，准确称量，剪碎，置于研钵中，加入 0.10 g 固体 $MgCO_3$ 和 3 mL 体积比为 9∶1 的丙酮-水溶液，研磨至浆状。沥出离心分离。重新研磨提取直至残余的植物组织无色为止。上层清液收集在 50 mL 的容量瓶中，以体积比为 9∶1 丙酮-水溶液定容。每份样品应同时提取两份。

3. 导数分光光度法测定[1]

(1) 测绘叶绿素 a(Chl a)、叶绿素 b(Chl b)的吸收光谱(600～700 nm)和一阶导数谱图，确定其导数测定波长，参比溶液为体积比为 9∶1 的丙酮-水溶液。

(2) 绘制 Chl a 和 Chl b 的工作曲线：对 5 种不同浓度的叶绿素 a 和叶绿素 b 系列标准溶液在确定的波长处进行一阶导数光谱测定，用计算机求出各自工作曲线的拟合方程和相关系数。

(3) 测定实际样品溶液的叶绿素 a 和叶绿素 b 含量，换算出蔬菜叶片中它们的含量。

4. 同步荧光法测定

(1) 荧光激发和发射光谱的测绘

叶绿素 a($160\ ng \cdot mL^{-1}$)：采用 428 nm 激发波长，在 600～800 nm 范围内扫描其荧光发射光谱；采用 667 nm 发射波长，在 350～600 nm 范围内扫描其荧光激发光谱。

叶绿素 b：采用 457 nm 激发波长，在 600～800 nm 范围内扫描其荧光发射光谱；采用 650 nm 发射波长，在 350～600 nm 范围内扫描其荧光激发光谱。

(2) 同步荧光光谱的测绘

用 $\Delta\lambda=258$ nm 在激发波长 350～600 nm 范围内进行同步扫描，得叶绿素 a 的同步荧光光谱；用 $\Delta\lambda=193$ nm 在激发波长 350～600 nm 范围内进行同步扫描，得叶绿素 b 的同步荧光光谱。

(3) 工作曲线

以 $\Delta\lambda=258$ nm 对系列叶绿素 a 标准溶液进行同步扫描；以 $\Delta\lambda=193$ nm 对系列叶绿素 b 标准溶液进行同步扫描。由同步荧光峰信号对浓度绘制成工作曲线。

(4) 菜叶中叶绿素 a 和叶绿素 b 的测定

实际样品试液经适当稀释，直接测定同步荧光峰强度，计算出菜叶中叶绿素 a 和叶绿素 b 的含量。

5. 高效液相色谱法测定[2]

(1) 色谱条件试验

色谱柱为 Hypersil ODS C_{18}(ϕ4.0 mm×200 mm，5 μm)，另加 1 支 ϕ20 mm C_{18}的保护柱。流动相为二氯甲烷-乙腈-甲醇-水(体积比为 20∶10∶65∶5)溶液，流速为 $1.5\ mL \cdot min^{-1}$，检测波长为 440 nm 和 660 nm。进样体积为 20 μL。注入混合标准化合物试液，分析记录的色谱图，确定出峰顺序。

---

[1] 由于在 646 nm 波长处叶绿素 b 的一阶导数值为零，而在 635 nm 波长处叶绿素 a 的一阶导数值为零，因而两者的测定互不干扰。

[2] 色素提取液可能含有不溶物(如植物组织)，色谱分析时必须除去，否则将缩短柱寿命。实验过程采用保护柱和针头过滤器保护色谱柱。每完成 1 种试液分析后，应用丙酮等溶剂将液池和进样注射针筒彻底清洗干净，否则会引起样品残留，影响下一个样品的分析。

(2) 工作曲线的绘制

分别注入 0.20 mg·mL^{-1}、0.40 mg·mL^{-1}、0.60 g·mL^{-1}、0.80 mg·mL^{-1} 和 1.00 mg·mL^{-1} 混合色素标准溶液进行色谱分析,绘制各个色素的浓度-峰面积工作曲线。为提高各个组分的检测灵敏度,可设定一个检测波长-时间程序进行检测。

(3) 实际样品测定

实际样品试液经 0.2 μm 针头式过滤器过滤后,直接进样分析。根据保留值定性,对照工作曲线计算各组分含量。

五、问题与讨论

(1) 绿色植物叶片的主要成分是什么?一般天然产物的提取方式有哪些?

(2) 结合本实验观察到的植物色素分离过程,理解 TLC 和 HPLC 等色谱法是一种独特的高效分离技术。

(3) 为什么胡萝卜素在氧化铝色谱柱中移动最快?

(4) 为何在 646 nm 和 635 nm 波长处叶绿素 b 和叶绿素 a 的一阶导数值分别为零?试从吸收光谱与一阶导数谱图的关系加以解释。

(5) 叶绿素同步荧光光谱和常规荧光光谱相比,有什么不同?能否只用一次同步扫描完成叶绿素 a 和叶绿素 b 的测定?

(6) 根据分析测定结果,简述导数分光光度法、同步荧光法和高效液相色谱法的特点。

六、参考文献

(1) 王清廉,沈凤嘉. 有机化学实验(第二版)[M]. 北京:高等教育出版社,1994.

(2) 王尊本主编. 综合化学实验[M]. 北京:科学出版社,2007.

(3) 浙江大学,南京大学,北京大学,兰州大学主编. 综合化学实验[M]. 北京:高等教育出版社,2001.

(4) 王尊本,郑朱梓,欧阳丽丽. 导数分光光度法同时测定叶绿素 a 和叶绿素 b[J]. 分析化学,1992,20(8):987.

(5) 黄贤智,徐金钩,蔡挺. 同步荧光分析法同时测定叶绿素 a 和叶绿素 b[J]. 高等学校化学学报,1987,8(5):418~420.

(6) 袁建明,张义明,史贤明等. 高效液相色谱测定藻类中的类胡萝卜素和叶绿素[J]. 色谱,1997,15(2):133.

本实验按 20 学时要求,教师可以根据具体情况酌情增减。

实验29　Co－Ce－O催化剂的制备、表征及其选择催化氧化对甲酚的性能测定

一、实验目的

(1) 掌握溶胶-凝胶法制备Co－Ce－O催化剂的原理和方法。

(2) 掌握Co－Ce－O催化剂催化性能的评价方法；掌握气相色谱仪的操作。

(3) 掌握Co－Ce－O催化剂结构的表征方法。

二、实验原理

烃类选择氧化是多相催化和表面科学领域最具挑战性的难题之一，研究与开发烃类分子选择氧化新催化材料具有重要的理论和实际意义。

羟基苯甲醛是一类重要的精细化工中间体，广泛应用于医药、农药、香料、食品、液晶高分子材料和电镀等工业。鉴于传统的以苯酚或甲基苯酚为原料制取羟基苯甲醛的Reimer-Tiemann法或氯代-水解法分别存在产物收率低和对环境不友好等缺点。因而，近年来用甲基苯酚为原料经催化氧化直接制取羟基苯甲醛的研究比较活跃。对于4－甲基苯酚直接氧化制4－羟基苯甲醛，已有的研究工作大多是以Co、Cu等金属离子为催化剂，以甲醇作溶剂在碱性介质中进行反应，此工艺存在着催化剂分离和回收困难、目标产物收率不高以及金属离子污染产品等缺点。

超细微粒是指颗粒尺寸处于纳米数量级(1 nm～100 nm)的微粒子集合体。超细微粒可以是金属、合金、半导体、氧化物以及各种化合物等，由于超细微粒的粒子大小处在微观粒子与宏观物体交界的过渡区域，因此它具有一系列有别于大粒子材料的独特性质。八十年代以来超细微粒研究受到普遍重视并取得迅速发展。1984年在柏林召开的第二届国际超细微粒和离子簇会议使超细微粒技术和理论的发展迅速成为世界性热点之一。

溶胶-凝胶法(Sol－Gel)是一种近年来在材料科学界引起广泛注意的新兴的湿化学方法。其原理是将金属有机或无机化合物经过水解，溶胶聚合凝胶化，再将凝胶干燥焙烧制得所需材料。该法是目前制备超细微粒催化剂较为广泛采用的方法，和其他方法相比，具有设备简单、原料容易获得、纯度高、均匀性好、化学组成控制准确等特点，主要用于氧化物系超细微粒催化剂的制备，特别适用于制备组成均匀、纯度高的复合氧化物超细微粒催化剂。

溶液-凝胶法的制备过程是将前驱物(无机盐或金属醇盐)溶于溶剂中(水或有机溶剂)形成溶液，溶质与溶剂发生水解或醇解反应，反应生成物聚集成1 nm左右的粒子并形成溶胶。溶胶在一定条件下转变为凝胶，其形成过程根据所用原料的不同可以分成以下两类：

(1) 水溶液溶胶-凝胶法

原料为无机盐通过金属阳离子的水解生成溶胶，然后形成凝胶：

$$M^{n+} + n\,H_2O \longrightarrow M(OH)_n + n\,H^+$$

(2) 醇盐溶胶-凝胶法

醇盐经过水解，聚合两个过程形成凝胶，中间没有明显的溶胶形成步骤。反应式为：

$$\text{水解：}M(OR)_n + mH_2O \longrightarrow M(OR)_{n-m}(OH)_m + mHOR$$

$$\text{聚合：}2M(OR)_{n-m}(OH)_m \longrightarrow O\begin{cases} M(OR)_{n-m}(OH)_{m-1} \\ M(OR)_{n-m}(OH)_{m-1} \end{cases} + H_2O$$

$$\text{总反应：}M(OR)_n + n/2H_2O \longrightarrow MO_{n/2} + nHOR$$

复合氧化物超细微粒因具有独特的微观结构和物理化学性能，可望成为一种实用新型催化剂材料。Co-Ce-O 超细微粒催化剂对低温液相法氧化 4-甲基苯酚（PMP）制 4-羟基苯甲醛（PHB）具有较高的选择氧化活性。

本实验采用溶胶凝胶法制备 Co-Ce-O 复合氧化物超细微粒催化剂，测试其在氢氧化钠的甲醇体系中，以 O_2 为氧化剂催化选择性氧化 4-甲基苯酚合成 4-羟基苯甲醛的性能。其反应式如下：

$$p\text{-}CH_3C_6H_4OH + O_2 \xrightarrow[\text{Cat}]{\text{NaOH, MeOH}} p\text{-}CHOC_6H_4OH$$

三、实验仪器与药品

1. 仪器

电子天平、电动搅拌器或磁力搅拌器、变压器、氧气钢瓶、气体稳压器、稳流器、流量计、马弗炉、Nicolet 红外光谱仪、GC-2010（Shimadzu）气相色谱仪，D8-X 射线粉末衍射仪（XRD）、透射电子显微镜（TEM）、比表面积测试仪、X-射线光电子能谱仪（XPS）。

2. 药品

$Co(NO_3)_2 \cdot 6H_2O$(AR)、$(NH_4)_2Ce(NO_3)_6$(AR)、HNO_3(AR)、柠檬酸(AR)、乙醇、对甲基苯酚、对羟基苯甲醛、氢氧化钠、无水甲醇、盐酸、冬青油。

四、实验步骤

1. 催化剂的制备

称取 2.91 g(0.01 mol)$Co(NO_3)_2 \cdot 6H_2O$、10.96 g(0.02 mol)$(NH_4)_2Ce(NO_3)_6$，分别加适量水溶解，两者混合配成 1∶2 金属原子比的水溶液(A)；称取柠檬酸 11.52 g(0.06 mol)，加适量水溶解，得溶液(B)；将溶液 B 倒入溶液 A 中，加水配成 100 mL 总金属离子浓度约为 0.3 $mol \cdot L^{-1}$ 混合液，以 HNO_3 调节溶液的 pH 约为 1。在 80℃水浴上缓缓蒸发，至形成透明黏稠状凝胶，再加入少量乙醇促进水分挥发，所得凝胶在 120℃下干燥 10 h，得到干凝胶。研磨成粉体后，在 250℃空气氛下焙烧 4 h 制得 Co-Ce-O 催化剂样品。

2. 催化剂催化性能的评价[1]

在一自行组装的常压间歇式催化反应装置上评价催化剂的 PMP 选择氧化催化性能。在容积为 250 mL、装有电动搅拌器的三颈圆底烧瓶中依次加入 PMP 0.1 mol，NaOH 16 g，催化剂 0.25 g，无水甲醇（AR）100 mL。控制搅拌速度，油浴控制反应体系温度为 65±1℃，氧气流量 135 mL・min^{-1}。反应 6 h，减压抽滤以分离催化剂，滤液先经蒸馏回收甲醇，加水后将溶液升温至 100℃煮沸除去残留的甲醇，再以稀盐酸中和至 pH＝5～6，加热煮沸，冷却得产物 4－羟基苯甲醛（PHB）结晶。乙醇重结晶，计算产率。

3. 气相色谱分析滤液中 PMP 含量以测定 PMP 的转化率

色谱条件：色谱柱 Rtx－5 型石英毛细管柱（30 m×0.32 mm i.d.，0.25 μm），载气流速：40 mL・min^{-1}，分流比：1∶30，气化温度：260℃；柱温：150℃；FID 检测器：260℃。冬青油为内标。

4. 催化剂结构表征

用 X 射线粉末衍射法测定催化剂的物相组成。样品的形貌观察及粒径测量采用透射电子显微镜。用 BET 法测定催化剂的比表面积。用 XPS 分析催化剂表面状态。所用仪器为 V.G. ESCALAB MKⅡ型光电子能谱仪，AlKα 为 X 光源，以污染碳 C1s＝285.0 eV 作内标校正样品的荷电效应。

五、问题与讨论

（1）溶胶凝胶法制备催化剂的原理和特点是什么？实验中加入柠檬酸和调节酸度的目的是什么？

（2）本催化氧化反应的关键是保证催化体系无水，如何从措施上得以保证？

（3）请查阅文献，对羟基苯甲醛合成方法的研究进展作一综述。

六、参考文献

（1）戴萍，唐保清，沈国胜等. 对甲酚氧化合成对羟基苯甲醛[J]. 江苏化工，1991(2)：34～36.

（2）刘常坤，范以宁，陈 懿. 钴铈复合氧化物超细微粒催化剂的制备与性能研究[J]. 石油学报(石油加工)，1997，13(4)：43～47.

（3）薛蒙伟，张征林，范以宁，陈懿. Co－Ce－O 超细微粒催化剂的结构和催化性能[J]. 物理化学学报，2000，16 (11)：1028～1033.

本实验按 30 学时的教学要求，教师可以相应增减内容。

[1] 仪器必须干燥，原料对甲基苯酚需蒸馏纯化，无水甲醇经 4Å 分子筛干燥，反应-回流装置上要加干燥装置；反应烧瓶中加入氢氧化钠动作要快，防止吸水。

实验30　对乙酰氨基酚在多壁碳纳米管修饰电极上的电化学行为及测定

一、实验目的

（1）了解多壁碳纳米管修饰电极的制备方法。

（2）掌握对乙酰氨基酚在多壁碳纳米管修饰电极上电化学行为的研究方法。

（3）掌握多壁碳纳米管修饰电极测定对乙酰氨基酚的方法。

二、实验原理

碳糊电极是利用导电性的碳(石墨)粉与憎水性的黏合剂混制成糊状物,并将其涂在电极棒上或填充入电极管中而制成的一类电极。碳粉与黏合剂的配比范围一般为 5 g 碳粉加 2.0～3.5 mL 黏合剂,黏合剂用量太少时会使碳粉干燥,黏合性差,易脱落,并且不易形成均匀的碳糊。相反,若黏合剂用量太大,则会降低碳糊电极的导电性,增大残余电流。碳糊电极具有残余电流小,制作简单,表面易更新,电位使用范围宽,正电位可使用至+1.7 V(*vs.* SCE),价格便宜等优点,因而广泛应用于测定无机离子和有机物。此外,还可以应用于电化学反应机理研究。

化学修饰碳糊电极是化学修饰电极的一种,它继承了碳糊电极的全部优点,同时,由于特效性修饰剂的引入,使其灵敏度、选择性进一步提高,而且还具有了修饰电极的特征,如易于制成各种功能的电极、优先富集待测组分、表现出电催化活性等。化学修饰碳糊电极是集分离、富集和选择性测定于一体的理想体系。

碳纳米管(CNT)具有优异的导电性能和良好的稳定性,因此人们将其用作电极修饰材料,并对其在电化学中的应用进行了广泛的研究。研究发现碳纳米管修饰碳糊电极不仅能克服 CPE 的试验重现性差的缺点,而且能提高检测的灵敏度。

循环伏安法是一种很有用的电化学研究方法,在研究电极反应的性质、机理、电极过程动力学参数等有广泛的应用,由于峰电流与浓度在一定范围内成线性,也可用于定量分析。如果峰电流与扫描速度成线性,表示电极反应为吸附控制过程;如果峰电流与扫描速度的平方根成线性,表示电极反应为扩散控制过程。

对乙酰氨基酚是酰胺类药物,具有解热镇痛的作用,临床上广泛用于感冒发烧、关节痛、神经痛、偏头痛、癌性痛及手术后止痛。对乙酰氨基酚在未修饰的碳糊电极上电信号较小,而在碳纳米管修饰的碳糊电极响应良好,可用于扑热息痛药片中对乙酰氨基酚的测定。

三、实验仪器与药品

1. 仪器

电化学工作站、红外光谱仪、铂电极、饱和甘汞电极、超声波清洗器、烘箱、pHS－3C 型数字酸度计、超速离心机(转速达到 10 000 转以上)、磁力加热搅拌器、三角烧瓶(250 mL)、回流冷凝管。

2. 药品

对乙酰氨基酚(分析纯)、Na_2HPO_4(分析纯)、KH_2PO_4(分析纯)、HNO_3(分析纯)、H_2SO_4(分析纯)、KBr(分析纯)、液体石蜡(化学纯)、石墨粉(光谱纯)、多壁碳纳米管。

四、实验步骤

1. 碳纳米管的预处理

称取 0.5 g 多壁碳纳米管加入 250 mL 三角烧瓶,并加入 100 mL 的 $HNO_3-H_2SO_4$ 混酸(体积比 1∶3),超声 0.5 h,再加热回流 2 h,回流结束后,离心分离出碳纳米管。用二次蒸馏水超声清洗碳纳米管,再次离心分离,用 pH 试纸检测上层清液 pH 值,重复清洗步骤,直至中性。在 60℃烘箱中干燥后,备用。

2. 碳纳米管的红外光谱分析

取适量处理后的碳纳米管与 KBr 压片后,进行红外光谱的测定。

3. 修饰电极的制备

截取长度约为 8 cm 的玻璃管(可用 0.50 mL 的吸量管)用砂纸将端部打磨光滑,再用金相砂纸磨至镜面,并将 0.4 g 石墨粉、0.10 g 处理过的碳纳米管、0.30 mL 液体石蜡在表面皿中混合研磨均匀,取适量从磨平的一端填入玻璃管中,少量即可,然后将粗细适中的铜丝从另一端插入,铜丝插入后要压紧,然后将电极表面在称量纸上打磨光滑。

4. 电极活化

将修饰电极插入 0.5 $mol \cdot L^{-1}$ 硫酸溶液中,使用循环伏安法在(−0.5～1.5 V)(*vs.* SCE)范围内,扫速为 0.1 V/s,循环扫描直至达到稳定后,取出电极用二次水清洗后即可使用。

5. 对乙酰氨基酚的电化学行为研究

以碳糊电极作为工作电极,饱和甘汞电极作为参比电极,铂电极作为对电极,用循环伏安法考察 1.0×10^{-4} $mol \cdot L^{-1}$ 对乙酰氨基酚在 0.10 $mol \cdot L^{-1}$ 磷酸盐缓冲溶液(由 0.1 $mol \cdot L^{-1}$ Na_2HPO_4 溶液和 0.1 $mol \cdot L^{-1}$ KH_2PO_4 溶液等体积混合得到)中的电化学行为,分别记录扫速为 50 mV/s,100 mV/s,200 mV/s,300 mV/s,400 mV/s,500 mV/s 的循环伏安图。

6. 扑热息痛药片中对乙酰氨基酚的测定

(1) 标准溶液的配制

对乙酰氨基酚(上海化学试剂有限公司),用水配为 1.00×10^{-3} $mol \cdot L^{-1}$ 的储备液,使用时用磷酸缓冲液稀释至所需浓度。

(2) 样品溶液的制备

取 10 片扑热息痛药片用研钵研碎,称取适量(0.2 g 左右),用水溶解,定容到 100 mL 容量瓶中,再准确移取上清液 1.00 mL,用磷酸缓冲液稀释至 100 mL 作为样品溶液。

(3) 标准曲线的绘制

用 0.10 $mol \cdot L^{-1}$ 磷酸缓冲液稀释 1.0×10^{-3} $mol \cdot L^{-1}$ 对乙酰氨基酚储备液,配制浓度分别为:(0.10、0.20、0.50、1.0、2.0)$\times10^{-4}$ $mol \cdot L^{-1}$ 的标准溶液,将不同浓度的标准溶液按浓度由低到高的顺序分别置于电解池内,记录(−0.2～1.0 V)(*vs.* SCE)的循环伏安

图，并读出每个循环伏安图上对乙酰氨基酚的氧化峰电流(I_{pa})。以 I_{pa}对对乙酰氨基酚的浓度作图，进行线性回归，得到标准曲线。

(4) 样品测定

在同样的条件下，取样品溶液，循环伏安测定，记录峰电流。由工作曲线计算出样品溶液中对乙酰氨基酚的浓度，并计算每片药片中乙酰氨基酚的含量。

五、实验数据处理

(1) 比较对乙酰氨基酚在裸电极与碳纳米管修饰电极上的 cV 图，判断碳纳米管的修饰作用。

(2) 以 I_{pa}与电位扫描速度(v)或其平方根($v^{1/2}$)作图，判断该电极过程是吸附控制还是扩散控制。

(3) 以标准溶液浓度与相对应的峰电流进行线性回归，得到标准曲线方程。

(4) 将样品溶液的峰电流带入到标准曲线中求得的样品溶液中对乙酰氨基酚的浓度，并计算每片扑热息痛中对乙酰氨基酚的量，与标示量进行比较。

六、参考文献

(1) Deng P H, Fei J J, Zhang J, Li J A. Electroanal. 2008(20):1215.

(2) Kachoosangi R T, Wildgoose G G., Compton R G. Anal. Chim. Acta. 2008(618):54.

本实验按40学时的教学要求，教师可以相应增减内容。

实验31　碘化铅类杂化化合物的制备、表征与光电性能的测定

一、实验目的

(1) 通过制备、表征杂化化合物，了解功能性杂化化合物的制备过程；

(2) 进行各种大型仪器的综合应用能力的训练。

二、实验原理

无机有机杂化化合物在分子水平上将有机化合物(结构和功能性易于剪裁与修饰)和无机化合物(具有高的机械强度和热稳定性)的优良性能达到复合，这些化合物通常具有一些独特的物理性质，例如：二阶非线性光学性质、压电、铁电和摩擦发光等，这类材料被广泛应用于制造光、电器件。

本实验首先通过三步反应合成碘化N-(间硝基-亚苄基氨基)吡啶(结构1)，然后与碘化铅在室温下组装，用X-射线衍射仪测定其结构，并通过荧光光谱仪、铁电仪测定其光、电性能。合成路线如下：

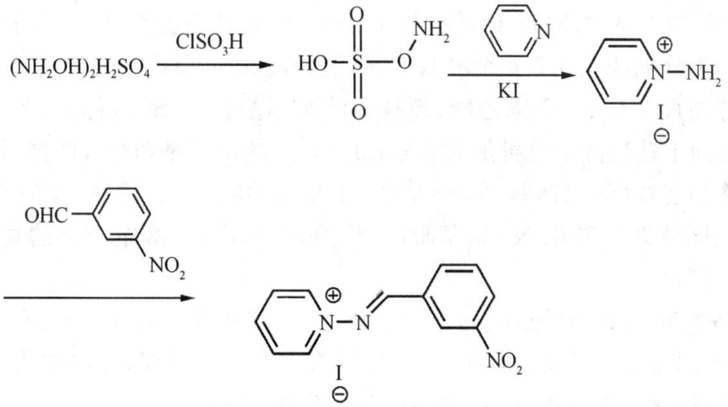

$$(NH_2OH)_2H_2SO_4 \xrightarrow{ClSO_3H} HO-SO_2-O-NH_2 \xrightarrow[KI]{\text{吡啶}} \text{吡啶}^{\oplus}N-NH_2\ I^{\ominus}$$

$$\xrightarrow{OHC-C_6H_4-NO_2\ (\text{间位})} \text{吡啶}^{\oplus}N-N{=}CH-C_6H_4-NO_2\ I^{\ominus}$$

结构1

三、实验仪器与药品

1. 仪器

电动搅拌器、旋转蒸发仪、数显恒温水浴锅、循环水式多用真空泵、电子天平、调温电热套、元素分析仪、红外光谱仪、单晶X射线衍射仪、热分析仪、荧光光谱仪。

2. 药品

硫酸羟胺、氯磺酸、吡啶、间硝基苯甲醛、KI、PbI_2、KOH、乙醇、乙醚、DMF。

四、实验步骤

1. 化合物碘化N-(间硝基-亚苄基氨基)吡啶(结构1)的合成

在三颈烧瓶中,加入6.5 g(0.04 mol)硫酸羟胺,强烈机械搅拌下用恒压滴液漏斗缓慢滴加15 mL(0.23 mol)氯磺酸。滴加完毕,将油浴升温到100℃,保持30 min后,有黏稠状固体出现。待烧瓶冷却至室温后,将其置于冰水浴中,缓慢滴加干燥的乙醚,直到混合物不再放热。迅速抽滤分离,用干燥的乙醚多次冲洗滤出物,得化合物胺基磺酸的白色粉状物,放入干燥器中待用。实验装置如图31-1所示:

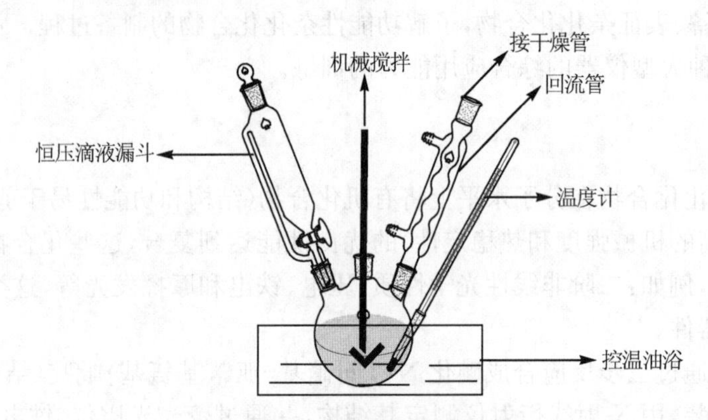

图31-1 合成反应实验装置

在冰水浴中,向三口烧瓶中加入上述胺基磺酸和45.0 mL水,电动搅拌,室温下缓慢滴加吡啶12.0 mL,30 min内加完,继续搅拌1~2 h后,油浴升温至90℃,保持30 min。搅拌下冷却到室温,再分批加入5.5 g无水K_2CO_3,混合液30~40℃下旋转蒸发,除去水和多余的吡啶,残留液加入100 mL无水乙醇,搅拌后滤去不溶物K_2SO_4,称重,蓝紫色滤液备用。室温下,在暗处向上述滤液中分批加入6.0 mL 57 %的氢碘酸(HI),搅拌后变成透明红黄色溶液,转入冷却装置(低温冰盐浴,−20℃),1 h后抽滤,乙醇洗涤,滤渣真空干燥,得黄色/粉红色针状固体即为碘化N-氨基吡啶,称重,计算产率,测定产物的物理性质(熔点、IR、溶解性试验等)。

用电子天平称取等物质的量的N-氨基吡啶和间硝基苯甲醛,放于圆底烧瓶中,用尽量少的乙醇溶解。回流4~5 h后,冷却至室温,即析出沉淀。抽滤,滤出物依次用乙醇、乙醚洗涤,真空干燥,得化合物碘化N-(间硝基-亚苄基氨基)吡啶。

2. 杂化化合物的合成

将N-(间硝基-亚苄基氨基)吡啶(0.35 g, 1.0 mmol) 的DMF (5 mL)溶液缓慢滴加到PbI_2(0.46 g, 1.0 mmol)的DMF溶液中(5 mL),室温下慢扩散7天后,得到浅黄色针状晶体即为目标化合物。

五、杂化化合物的表征与性质研究

1. 杂化化合物的表征

(1) 元素分析

使用元素分析仪测定化合物中C、H、N元素含量。

(2) 红外光谱分析

用溴化钾压片法，在红外光谱仪上，收集化合物的红外光谱(4 000～400 cm^{-1})。

(3) X-射线单晶衍射

在 X-射线单晶衍射仪上，用石墨单色化的 Mo K_α 射线($\lambda = 0.710\ 73$ Å)，ω 扫描方式收集化合物的室温 X-射线单晶衍射数据。

2. 热、光、电等性能的测定

(1) TGA

在 N_2 气氛下，使用热分析仪完成化合物的热重分析(TGA)。样品测试温度分别为 200～800 K，加热过程中的升温速率为 10 K/min。

(2) 固体荧光光谱测定

采用荧光光谱仪，激发光源为氙灯，扫描范围设置 200～700 nm，缝宽 EX/EM: 5.0 nm/5.0 nm，所有测试在室温下进行。

(3) 铁电性测定

选择合适尺寸、适合单晶衍射的单晶，沿着单晶的生长方向涂上银胶，然后连上直径为 150 μm 的 Cu 线，连接铁电仪测定单晶的电滞回线。

六、数据处理

(1) 用 SHELXTL 程序，直接法解析结构、并用全矩阵最小平方二乘法对所有非氢原子位置及各向异性热温度因子进行精修。用几何加氢方式确定氢原子位置。

(2) 将 TGA 得到的数据用 origin 作 W(重量)对温度变化的图，研究温度变化过程中重量的变化。

(3) 作极化强度对电场的图，得到随着电场变化，单晶的饱和极化强度(P_s)，剩余极化强度(P_r)和矫顽场(E_c)的变化值。

七、参考文献

(1) Chang, H. Y.; Kim, S. H.; Halasyamani, P. S.; Ok, K. M. *J. Am. Chem. Soc*, 2009, 131, 2426～2427.

(2) Chang, H. Y.; Kim, S. H.; Ok, K. M.; Halasyamani, P. S. *Chem. Mater*, 2009, 21, 1654～1662.

(3) Xu, G.; Li, Y.; Zhou, W. W.; Wang, G. J.; Long, X. F.; Cai, L. Z.; Wang, M. S.; Guo, G. C.; Huang, J. S.; Batorb, G.; Jakubas, R. *J. Mater. Chem*, 2009, 19, 2179～2183.

(4) Jia-Sen Sun, Bing-Qian Yao, Hai-Rong Zhao, Xiao-Ming Ren, Da-Wei Gu, Lin-Jiang Shen. *Chin. J. Synth. Chem*, 2008, 16, 289～290.

(5) Hai-Rong Zhao, Dong-Ping Li, Xiao-Ming Ren, You Song, Wan-Qin Jin. *J. Am. Chem, Soc.* 2010, 132, 18～19.

特别注意：因本实验中用到的碘化铅具有较强的毒性，在实验过程中一定要做好安全环保等防护工作。

本实验按 30 学时的教学要求，教师可以相应增减内容。

实验 32　$\gamma-Al_2O_3$ 的制备、表征及脱水活性评价

一、实验目的

(1) 掌握三氧化铝催化剂制备的原理和方法;

(2) 了解催化剂的差热分析、X-衍射、气相色谱仪及红外光谱分析等表征方法。

(3) 了解固体催化剂的活性评价方法和催化活性测定中的应用。

二、实验原理

Al_2O_3、分子筛、杂多酸、AlF_3 等都可用作乙醇等脱水催化剂,本实验主要采用 Al_2O_3 为催化剂。Al_2O_3 是工业上常用的化学试剂,活性氧化铝是一种比表面积很大的多孔性物质,其具有良好的吸附性能和催化性能,是石化、橡胶、化肥等工业中常用的吸附剂、干燥剂和催化剂,同时也用作催化剂载体。制备条件不同,则具有不同的结构和性质。到目前为止,Al_2O_3 按其晶型可分为 8 种,即 $\alpha-Al_2O_3$,$\gamma-Al_2O_3$,$\theta-Al_2O_3$,$\eta-Al_2O_3$,$\delta-Al_2O_3$,$\chi-Al_2O_3$,$\rho-Al_2O_3$ 和 $\kappa-Al_2O_3$ 型。其中 $\gamma-Al_2O_3$ 具有较大的比表面积和较好的稳定性,因而应用得最为广泛。Al_2O_3 被用作载体时,除可以起到分散和稳定活性组分的作用外,还可提供酸、碱活性中心,与催化活性组分起到协同作用。

$\gamma-Al_2O_3$ 由 $\alpha-Al_2O_3$、$\beta-Al_2O_3\cdot 3H_2O$ 在一定条件下制得的勃母石($Al_2O_3\cdot H_2O$)在 500～850℃ 焙烧而成。进一步提高焙烧温度,$\gamma-Al_2O_3$ 则相继转化为 $\delta-Al_2O_3$,$\theta-Al_2O_3$ 和 $\alpha-Al_2O_3$。

Al_2O_3 水合物在焙烧脱水过程中通过以下反应形成 L 酸中心(指任何可以接受电子对的物种)和 L 碱中心(可以提供电子对的物种):

$$HO-\underset{}{\overset{OH}{\overset{|}{Al}}}-OH + HO-\overset{OH}{\overset{|}{Al}}-OH \xrightarrow[\triangle]{-H_2O} -O-\overset{OH}{\overset{|}{Al}}-O-\overset{OH}{\overset{|}{Al}}-O-$$

$$\xrightarrow{-H_2O} -O-Al^{+}-\overset{O^{2-}}{\overset{|}{O}}-Al-O- \longrightarrow -O-\overset{\text{L 酸中心}}{\overset{\downarrow}{Al^{+}}}-O-\overset{\text{L 碱中心}}{\overset{O^{-}}{\overset{\downarrow}{Al}}}-O-$$

而上述 L 酸中心很容易吸收水转变成 B 酸中心(凡能给出质子(氢离子)的任何物种称为 B 酸;凡能接受质子的物种称为 B 碱):

$$-O-Al^{+}-O-\overset{O^{-}}{\overset{\downarrow}{Al}}-O- \xrightarrow{-H_2O} O-\overset{\text{B 酸中心}}{\overset{H\ \downarrow\ H}{\overset{O_{+}}{\overset{|}{Al^{+}}}}}-O-\overset{O^{-}}{\overset{\downarrow}{Al}}-O-$$

在使用 Al_2O_3 作催化剂时，其表面酸碱性质除了与制备条件有关外，还与煅烧过程中 Al_2O_3 脱水程度以及 Al_2O_3 晶型有关。经 800℃焙烧过的 Al_2O_3 得到的红外吸收光谱图中，有 3 800 cm^{-1}、3 780 cm^{-1}、3 744 cm^{-1}、3 733 cm^{-1} 和 3 700 cm^{-1} 等 5 个吸收峰。这 5 个吸收峰对应于图 32 - 1 中 5 种不同的 OH 基（分别以 A、B、C、D 和 E 表示）。由于这些 OH 基周围配位的酸或碱中心数不同，使每种 OH 基的性质也不同，故出现 5 种不同的 OH 基吸收峰。

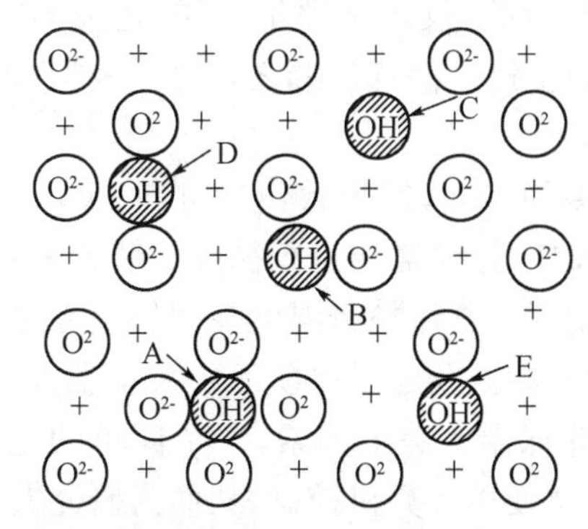

图 32 - 1　Al_2O_3 表面羟基（+表示 L 酸中心，O^{2-} 表示 L 碱中心）

醇在 Al_2O_3 的酸、碱位协同作用下可以发生脱水反应而生成相应的烯烃。例如，乙醇脱水生成乙烯的反应机理（图 32 - 2）：

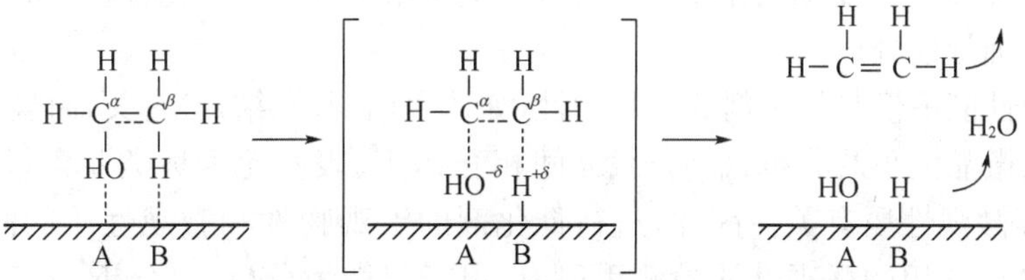

$$H-\overset{H}{C^{\alpha}}\cdots\overset{H}{C^{\beta}}-H\ (\text{HO 吸附于 A，H 吸附于 B}) \longrightarrow \left[H-\overset{H}{C^{\alpha}}\cdots\overset{H}{C^{\beta}}-H,\ HO^{-\delta}(A)\ H^{+\delta}(B)\right] \longrightarrow H-\overset{H}{C}=\overset{H}{C}-H + H_2O\ (\text{HO}(A)\ \text{H}(B))$$

图 32 - 2　乙醇催化生成乙烯反应机理（A 为酸中心，B 为碱中心）

近年来，制取乙烯的原料——石油呈现逐渐枯竭之势，而生物发酵制乙醇技术的研究已取得了重大进展，乙醇脱水制乙烯有着广阔的来源，因而研究乙醇脱水制乙烯具有重要意义。

催化反应的活性评价是研究催化过程的重要组成部分，无论在生产还是在科学研究中，它都是提供初始数据的必要方法。

催化剂活性评价是一个非常复杂的过程。催化剂的性能包括催化活性、催化反应的选择性及催化剂的使用寿命三个指标，其中催化活性一般通过催化反应的转化率来衡量。在催化活性的评价根据催化反应类型的不同，在气固相、气液相以及液固相等多种反应体系中进行。对于气相或液相反应物和产物的分析，多采用色谱法通过气相色谱或液相色谱进行。一种好的催化剂必须同时满足上述三个条件。其中活性是基本前提，只有在达到一定的转化率时才能追求其他高指标。选择性可直接影响到后续分离过程及经济效益。至于催化剂的使用寿命，人们当然希望它越长越好，但在反应过程中，催化剂会出现不同程度的物理及化学变化，如中毒、结晶颗粒长大、结炭、流失、机械强度降低等，使催化剂部分或全部失去活性。在工业生产上，一般催化剂使用寿命为半年、一年、甚至两年，对某些贵金属催化剂还要考虑回收及再生等问题。

开发一种新型催化剂需要做很多工作，如催化剂的制备方法、组成和结构等对其活性及选择性均有影响，而且同一种催化剂在不同的反应条件下得到的结果也是不一样的。所以，催化剂的评价是复杂而细致的工作。一般起步于实验室的微型反应装置，在不同反应条件下考查单程转化率及选择性，对实验结果较好的催化剂再进行连续运行考查寿命，根据需要进行逐级放大。在放大过程中还必须考虑传质、传热过程，为设计工业生产反应器提供工艺及工程数据。当然，开发新催化剂不仅限于评价工作，还应同时研究它的反应动力学和机理、失活原因等，为催化剂的制备提供信息。总之，开发一种性能良好的催化剂需要一段漫长的过程。

催化剂的实验评价装置多种多样，但大致包括进料、反应、产品接收和分析等几部分。对于一些单程转化率不高的反应，原料需要进行循环。装置中要用到各种阀门、流量计以及控制液体流量的计量泵。控制温度常用精密温度控制仪及程序升温仪等。产物的接收常用各种冷浴，如冰、冰盐、冰-丙酮、液氮及电子冷阱等。反应器及管路材料视反应压力、温度、介质而定。管路通常还需加热保温。综上因素，一个简单的化学反应有时装置也较复杂。目前，比较先进的实验室已广泛使用计算机控制，从而为研究人员提供了方便。

产品的分析是十分关键的环节。若不能给出准确的分析结果，其他工作都是徒劳的。目前在催化研究中，最普遍使用的是气相或液相色谱。所使用的色谱检测器，视产物的组成而定。热导池检测器多用于常规气体及产物组成不太复杂且各组分浓度较高的样品分析，氢火焰检测器灵敏度高，适用于微量组分分析，主要用于分析碳氢化合物。对于组分复杂的产物通常用毛细管柱分离。

催化剂的性能不仅与催化剂的宏观物性(如比表面积、孔结构)有关，而且还与其化学组成、活性组分、微晶大小及分布、金属-载体间相互作用、表面元素种类及含量、催化剂的氧化还原性能等微观性质有关。因此，进行催化剂的宏观物性和微观性质的测定具有重要的作用和意义。常用的微观性质检测手段有：电子显微镜分析、热分析、X射线衍射分析、电子能谱分析、程序升温分析、红外光谱分析等。X射线结构分析是通过X射线在晶体中所产生的衍射现象来进行的，通过衍射分析，可得到催化剂的相组成、反应活性相、晶胞常数、晶粒大小、晶格畸变等(原理略)。热分析是在程序控制温度条件下，测定物质的物理性质随温度变化的函数关系的技术。通过热分析，可帮助确定催化剂的制备条件、催化剂的组成，了解活性组分和载体间相互作用、进行固体催化剂酸性表征及催化剂老化和失活机理研究(原理略)。红外光谱属分子吸收光谱，样品受到频率连续变化的红外光照射时，分子吸收其中一些频率的辐射，分子振动或转动引起偶极矩的净变化，使振动-转动能级从基态跃迁到激发态，相应于这些区域的透射光强减弱，记录透过率T对波数或波长的曲线，即为红外光谱。通过红外光谱分析可进行吸附分子的研究，固体表面的测定及积碳的组成分析(原理略)。

三、实验仪器与药品

1. 仪器

搅拌及恒温水浴、真空泵、电导仪、箱式高温炉、电子天平、反应装置(图32-3)，气相色谱仪、热分析仪、X射线衍射仪、红外光谱仪、硬质石英反应管、马弗炉、温度控制器、冷凝管、布氏漏斗、蠕动泵、电子天平、比表面测定仪。

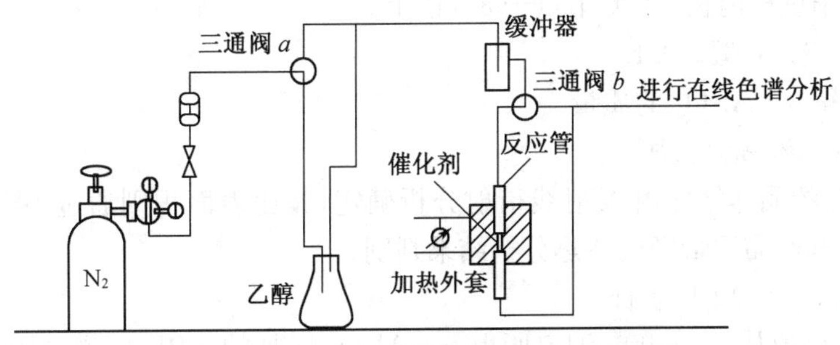

图 32-3　乙醇制乙烯反应装置流程示意图

2. 药品

氢氧化钠、氢氧化铝、硝酸、氨水、白油、甘油、辛醇、辛烯、乙醇，高纯 N_2。

四、实验步骤

1. $\gamma-Al_2O_3$ 的制备

(1) 方法一

偏铝酸钠的制备：在 500 mL 烧杯中加入 20 g 氢氢化钠，加入 110 mL 去离子水溶解。加热至沸后，在搅拌下缓缓加入 24 g 氢氧化铝，保持沸腾下继续搅拌 1.5 h，使氢氧化铝完全溶解。冷却后，用布氏漏斗过滤除去未溶解的氢氧化铝，制备获得偏铝酸钠溶液。

氢氧化铝凝胶的制备：在 500 mL 烧杯中加入 20 mL 去离子水，加热至50℃左右。在搅拌下将制备的偏铝酸钠溶液和 65 mL 浓度为 6.3 $mol \cdot L^{-1}$的硝酸溶液均匀地倒入烧杯中。搅拌均匀，调节体系的 pH 在 7.2～8.0 之间，加热搅拌 30 min，同时保持体系温度在 45～50℃，形成氢氧化铝凝胶。抽滤，将滤得的氢氧化铝凝胶转移至 250 mL 烧杯中，加入 pH 已调至 7.2～8.0 的稀氨水，加热搅拌 5 min，同时保持体系的温度在 35～45℃。再抽滤，反复进行三到四次，除去体系中的杂质离子。最后向经洗涤的氢氧化铝凝胶中加入 6～8 mL 浓度为 6.3 $mol \cdot L^{-1}$的硝酸溶液，强烈搅拌 45 min，形成氢氧化铝胶溶液。

氢氧化铝脱水制备活性氧化铝：在 100 mL 量筒中加入 60 mL 浓度为 5.6 $mol \cdot L^{-1}$的稀氨水和 2 mL 甘油，混匀。向液面上加入 20 mL 白油，将氢氧化铝胶溶液滴入前述形成的油成形柱中。倾去量筒中的上层液体，抽滤得球状的氢氧化铝后陈化 24 h。将经陈化的氢氧化铝放在马弗炉中，逐渐升温至(520±10)℃并在此温度下活化 5 h，得粉末状的 $\gamma-Al_2O_3$。

(2) 方法二

① 先用量筒配制体积比为 1∶5 的盐酸 200 mL。

② 称取 8 g $NaAlO_2$，溶于 150 mL 去离子水中，使之充分溶解，如有不溶物可加热搅拌。

③ 将配制好的 $NaAlO_2$ 溶液置于 70℃恒温水浴中。搅拌，慢慢滴加配制好的盐酸溶液。控制滴加速率为 1 滴/10 s，约滴加 55 mL 盐酸，测量 pH 为 8.5～9 时，即达终点(控制 pH 很重要)。

④ 继续搅拌 5 min，在 70℃水浴中静置老化 0.5 h。过滤洗涤沉淀至无 Cl^-(滤液电导

在 50 Ω^{-1}以下）。

⑤ 将沉淀于烘箱内在 120℃下烘干 8 h 以上。

⑥ 在 450～550℃煅烧 2 h。

⑦ 称量所得 $\gamma-Al_2O_3$ 的质量。

2. $\gamma-Al_2O_3$ 的结构表征

活性氧化铝的晶体结构由 X 射线衍射分析确定，其比表面积则通过 BET 法在比表面测定仪上测定，其产品质量经由差热分析结果判别。

(1) $\gamma-Al_2O_3$ 的 XRD 表征

扫描角度：2θ 值从 10°～90°，测定所得 $\gamma-Al_2O_3$ 样品的 XRD 图谱，并进行物相检索。根据 PDF 卡片，查出主要峰对应的 h,k,l 值。算出衍射峰的半高宽，并利用谢乐公式求出 $\gamma-Al_2O_3$ 各峰对应的粒径。（谢乐公式：$D_{hkl}=0.89\lambda/\beta_{hkl}\cdot\cos\theta$）

(2) $\gamma-Al_2O_3$ 催化剂酸性的红外表征

采用本体压片法。将样品研细用冲模压片，压力范围 7 MPa～11 MPa，均匀加料，压得 10 mg·cm^{-2}左右的片子，放置于 KBr 窗口的石英红外吸收池中，吸收池连接到真空系统上。利用吸附吡啶的红外光谱法考察催化剂表面酸性质。将压成薄片的催化剂样品在自制的石英红外池中加热至 380℃恒温，高真空（10^{-3} Pa）状态下脱附 2 h，自然冷却至室温并在室温下吸附无水吡啶 0.5 h，然后分别在 200℃和 450℃下脱附，最后在 FT-IR 6700 型红外光谱仪（仪器分辨率 4 cm^{-1}，扫描 32 次，波数范围 4 000～400 cm^{-1}）上摄谱。定义催化剂在 200℃脱附后的特征峰面积为总酸量（TL 和 TB），450℃脱附后的特征峰面积为强酸量（SL 和SB），两者之差为弱酸量（WL 和 WB）。将 1540、1450 cm^{-1}处的吸光强度分别乘以各自的校正系数 9.90、3.73 后，得到分子筛 B 酸、L 酸中心的数目。

3. 活性氧化铝催化活性的评价

(1) 活性评价方法一

反应装置如图 32-3 所示。乙醇由 N_2 带入反应器，在 a,b 两点分别取样，分析乙醇被带入量及产物组成。冰浴中收集到的组分是反应生成的部分水。在常温下乙烯呈气体状态，存在于反应尾气中。

① 将 $\gamma-Al_2O_3$ 粉末在压片机上以 500 MPa 压力压成硬片，再破碎、过筛，选取 40～60 目筛分备用（预习时完成）。

② 将 1 g 催化剂装填于反应管内，并将反应管与管路连接好。

③ 打开 N_2 瓶，选择三通阀 a 的位置，使 N_2 不通过乙醇瓶而直接进入反应器，控制 N_2 流量为 40 mL·min^{-1}。开启加热电源，使反应管升温至 250℃。切换三通阀 a，使 N_2 将乙醇带入反应器，开始反应。计算空速 GHSV、线速及接触时间。

④ 色谱分析

(a) 分析条件　检测器：FID；色谱柱 Rtx-5（30 m，0.32 mm，0.25 μm）；载气：N_2 40 mL·min^{-1}；气化温度：160℃；柱温：80℃；检测器温度：160℃。

(b) 分析步骤（在反应前完成）　先通载气，待载气流量达规定值时，打开色谱仪总电源，再启动色谱室。然后接通气化器电源，待柱温升到 80℃并稳定后，打开热导池电流开关，将桥流调至规定值。

⑤ 待反应进行一段时间后，通过切换三通阀 b 用色谱仪分别分析反应尾气和原料气，

由分析结果可计算出乙醇的转化率及选择性。每个取样点取两个平行数据。

⑥ 将反应管升温至 400℃继续反应，待温度稳定 0.5 h 后，再取一组样。每点仍取两个平行数据。

⑦ 停止反应，将三通阀转向，断开乙醇通路，关闭加热电源，2 min 后关闭 N_2，同时将色谱仪关闭(按与开机相反的顺序操作)。

(2) 活性评价方法二

活性氧化铝的催化活性通过辛醇催化脱水制备正辛烯反应评价。具体过程如下：

① 在反应管中底部垫上少许玻璃棉，加入制备的活性氧化铝 60～70 g。

② 将反应管装入管式加热炉中，通过蠕动泵控制正辛醇进入反应管的速率为每分钟 10 滴，借助氮气将正辛醇吹入体系中，反应产物通过带回流装置的三颈烧瓶收集。

③ 打开冷凝水，开始加热。当管式炉的温度升至 300℃时，将正辛醇泵入反应管中。

④ 反应 5～10 min 后，将收集的粗产品中水层分出，油层用去离子水洗涤后用少量无水氯化钙干燥。

⑤ 干燥的粗正辛烯常压蒸馏，收集 120～133℃。

⑥ 准确称量收集到的粗正辛烯馏分，计算辛醇的转化率。对比空白实验，对制备的活性氧化铝的催化活性进行评价。

五、实验数据与处理

(1) 制备的活性氧化铝的状态、质量及产率并分析造成损失的可能原因。

(2) 制备的活性氧化铝的差热分析图谱及其分析。

(3) 制备的活性氧化铝的 X-射线衍射图谱及其分析。

(4) 制备的活性氧化铝的比表面积。

(5) 记录装填催化剂的质量、体积、氮气流速($mL \cdot min^{-1}$)、室温、反应恒温时间。

(6) 计算乙醇在氮气中的体积分数，并计算空速、线速及接触时间。

(7) 记录在两种不同温度下乙醇及乙烯的色谱峰面积，分别计算乙醇的转化率，并比较温度对活性和选择性的影响。

(8) 与其他同学的实验结果进行对照，定性讨论反应性能与 γ - Al_2O_3 表面酸、碱强度和酸、碱中心数量之间的关系。

六、问题与讨论

(1) 氧化铝的晶体存在哪几种晶型？对其催化活性有何影响？哪种氧化铝的催化活性最强？

(2) 制备活性氧化铝过程中如何保证形成的氧化铝为 γ - Al_2O_3？制备过程中为什么要进行活化？

(3) γ - Al_2O_3 的 L 酸、B 酸中心是如何产生的？

(4) γ - Al_2O_3 为何可以提高醇脱水生成烯烃的反应速率？反应温度和压力对烯烃的产率有何影响？

(5) 催化剂的物性以及结构可以通过哪些手段进行表征？

(6) 对实验改进有哪些设想和建议？

七、参考文献

（1）浙江大学等主编. 综合化学实验[M]. 北京：北京高等教育出版社，2006.

（2）杜志强主编. 综合化学实验[M]. 北京：科学出版社，2005.

（3）田部浩三，御园生诚，小野嘉夫等. 新固体酸碱及其催化作用[M]. 郑禄彬译. 北京：化学工业出版社，1992.

（4）潘履让. 乙醇脱水制乙烯催化剂发展综述[J]. 精细石油化工，1986，4(4)：41～50.

（5）储伟. 催化剂工程[M]. 四川大学出版社，2006.

（6）Guan gwen Chen，Shulian Li. Catalytic dehydration of bioethanol to ethylene over $TiO_2/g-Al_2O_3$ catalysts in microchannel reactors. Catal. Today，2007(125)：111～119.

（7）黎颖，陈晓春，孙巍等. $\gamma-Al_2O_3$ 催化剂上乙醇脱水制乙烯的实验研究[J]. 北京化工大学学报，2007，34(5)：449～452.

（8）J. I. Di Cosimo. Structure and Surface and Catalytic Properties of Mg－Al Basic Oxides[J]. J. Catal.，1998(178)：499～510.

（9）Berteau，P.，Ruwet，M.，Delmon，B. 1-Butanol Dehydration on Aluminas and Modified Aluminas-Evolution of Activity and Selectivity[J]. Acta. Chim. Hung.，1987，124(1)：25～33.

本实验按 60 学时的教学要求，教师可以相应增减内容。

实验 33 水质综合分析及水体中有机污染物光催化降解

一、实验目的

(1) 通过水质(特别是地表水)综合分析初步了解水环境监测的各项指标,培养对环境样品进行实际分析监测的能力;

(2) 掌握常规环境监测项目的分析原理、方法及技术;

(3) 了解有机污染物光催化降解的基本原理,掌握水体中有机污染物降解的实验原理、分析手段以及操作步骤;

(4) 掌握有机污染物的光谱分析方法。

二、实验原理

近年来,光催化降解各类有毒的有机污染物(特别是含氯和含氮有机化合物)已引起人们广泛关注。在诸多光催化剂(如 TiO_2、ZnO、CdS、SnO_2)等中,锐钛矿的 TiO_2 因其活性高、稳定性好、能持续作用以及能反复利用等多方面的优越性而备受重视。TiO_2 受到光的照射后会产生具有强氧化性的羟基,该羟基可以氧化水或空气中大多数的有机污染物和部分无机污染物,将其最终分解为 H_2O、CO_2 等无害物质,从而达到净化环境的目的。

其作用机理可以用以下反应式说明:

$$TiO_2 \longrightarrow e + h^+$$

$$h^+ + H_2O \longrightarrow \cdot OH + H^+$$

$$h^+ + OH^- \longrightarrow \cdot OH$$

$$O^2 + e \longrightarrow \cdot O_2^-$$

$$\cdot O_2^- + H^+ \longrightarrow HO_2 \cdot$$

$$2HO_2 \cdot \longrightarrow O_2 + H_2O_2$$

$$H_2O_2 + \cdot O_2^- \longrightarrow \cdot OH + OH^- + O_2$$

$$h^+ + e \longrightarrow \text{(电子-空穴对复合) 能量辐射}$$

而 · OH 自由基是水体中最强的氧化剂,能够降解许多有机物(包括难降解有机物,如农药及其中间体),使其最终转变为二氧化碳和水。其作用机理可以用以下反应式说明:

$$R—C_2H_5 + 2 \cdot OH \longrightarrow R—C_2H_4OH + H_2O$$

$$R—C_2H_4OH + O_2 \longrightarrow R—C_2H_3O + H_2O$$

$$R—C_2H_3O + O_2 \longrightarrow R—CH_2COOH + H_2O$$

$$R—CH_2COOH \longrightarrow R—CH_3 + CO_2 \cdots\cdots$$

每降解一个碳原子，生成一个 CO_2，如此往复，直到脂肪族有机物完全转化为 CO_2 为止；而高活性电子 e 又具有较强还原性，可以还原除去水体中的一些金属离子。其过程可表达如下：

$$M^{n+}(\text{金属离子}) + ne \longrightarrow M^0$$

化学需氧量是指水样在一定条件下，氧化 1 L 水样中还原性物质所消耗的氧化剂的量，以氧的mg·L^{-1}表示。化学需氧量反映了水中受还原性污染的程度，基于水体被有机物污染是很普遍的现象，该指标也作为有机物相对含量的综合指标之一。对废水化学需氧量的测定，我国规定用重铬酸钾法。

在酸性溶液中，用一定量的 $K_2Cr_2O_7$ 氧化水中的还原性物质，过量的 $K_2Cr_2O_7$ 用硫酸亚铁铵溶液回滴，以试亚铁灵作指示剂，溶液的颜色由黄色→蓝绿色→红褐色为终点。根据硫酸亚铁铵的用量算出水样中的化学需氧量，以氧的浓度 mg·L^{-1}表示。

三、实验仪器与药品

1. 仪器

紫外可见分光光度计、恒温水浴箱、真空干燥器、马弗炉、光催化反应仪、电子天平、精密pH 试纸(0.5～5.0)、紫外灯、研钵、玻璃采样瓶、聚氯乙烯采样瓶、温度计、精密 pH 计、具塞比色皿、透明度计、浊度仪、0.45 μm 微孔滤膜、溶解氧测定仪、酸式滴定管、回流装置、定氮蒸馏瓶、手提式蒸气消毒器、SGY-Ⅰ多功能光化学反应仪。

2. 药品

钛酸丁酯、无水乙醇、硝酸、聚乙二醇 2000、苯酚、去离子水、氯铂酸、氯化钴、硫酸、盐酸、氯铂酸钾、硫酸银、硫酸汞、重铬酸钾、硫酸亚铁铵、1,10-邻菲啰啉指示液、高锰酸钾、草酸钠、碘化钾、碘化汞、氢氧化钠、钼酸铵、酒石酸锑钾、抗坏血酸、乙酸。

四、实验步骤

1. 水温、pH、透明度、溶解氧(DO)——现场测定

(1) 水温用普通水银温度计测量。

(2) pH 用精密 pH 试纸测量。

(3) 透明度用塞氏盘法测量：塞氏盘为直径 200 mm 的黑白各半的圆盘，将其沉入水中，以刚好看不到它时的水深(cm)表示透明度。

(4) 溶解氧用便携式溶解氧测定仪测定。

2. 色度、浊度、总悬浮固体(SS)的测定

(1) 色度用铂钴标准比色法测定。

① 原理　用氯铂酸钾(重铬酸钾)与氯化钴(硫酸钴)配成标准色列，再与水样进行目视比色确定水样的色度。规定 1 mg·L^{-1}以氯铂酸离子形式存在的铂产生的颜色作为 1 度。

② 试剂的配制

光学纯水：将 0.2 μm 滤膜(细菌学研究中所采用的)在 100 mL 蒸馏水或去离子水中浸泡 1 h，用它过滤 250 mL 蒸馏水或去离子水。弃去最初的 25 mL，以后用这种水配制全部

标准溶液并作为稀释水。除另有说明外，测定中仅使用光学纯水及分析纯试剂。

色度标准储备液：将(1.245±0.001) g 氯铂(IV)酸钾 K_2PtCl_6 及(1.000±0.001) g 六水氯化钴(II) $CoCl_2 \cdot 6H_2O$ 溶于约 500 mL 水中，加(100±1) mL 盐酸(ρ=1.18 g·mL^{-1})，用水定容 1 000 mL。此溶液色度为 500 度，保存在用塞子密封的玻璃瓶中，存放暗处。

色度标准系列配制：在一组 250 mL 的容量瓶中，用移液管分别加入 2.50 mL、5.00 mL、7.50 mL、10.00 mL、12.50 mL、15.00 mL、17.50 mL、20.00 mL、25.00 mL、30.00 mL及 35.00 mL 标准储备液，并用光学纯水稀释至标线，溶液色度分别为 5 度、10 度、15 度、20 度、25 度、30 度、35 度、40 度、50 度、60 度和 70 度，塞子密封保存。

③ 测定步骤　将水样倒入 250 mL 量筒中，静置 15 min，然后将量筒中的上层清液加入 50 mL 比色管中，直至标线高度。将水样与色度标准系列进行目视比色。观察时，可将比色管置于白瓷板或白纸上，使光线从管底部向上透过液柱，目光自管口垂直向下观察，记下与水样色度相同的铂钴色度标准系列的色度。若色度≥70 度，用光学纯水将水样适当稀释后，使色度落入标准溶液范围之中再行确定。

(2) 浊度用专用的浊度仪测定。

① 试剂的配制

无浊度水：将蒸馏水通过 0.2 μm 滤膜过滤，收集于用滤过水荡洗两次的烧瓶中。

浊度标准储备液：称 10 g 硅藻土通过 0.1 mm 筛孔于研钵中，加入少许水调成糊状并研细，移至 1 000 mL 量筒中，加水至标线。充分搅匀后，静置 24 h。用虹吸法小心将上层 800 mL 悬浮液移至第二个 1 000 mL 量筒中，向其中加水至 1 000 mL，充分搅拌，静置 24 h。吸出上层含较细颗粒的 800 mL 悬浮液弃去，下部溶液加水稀释至 1 000 mL。充分搅拌后，储于具塞玻璃瓶中，其中含硅藻土颗粒直径大约为 400 μm。

取 50.0 mL 上述悬浊液置于恒重的蒸发皿中，在水浴上蒸干，于 105℃烘箱烘 2 h，置干燥器冷却 30 min 后称量。重复以上操作，即烘 1 h 冷却，称量，直至恒重。求出 1 mL 悬浊液含硅藻土的质量(mg)。

250 度浊度标准溶液：吸取上述含 250 mg 硅藻土的悬浊液，置于 1 000 mL 容量瓶中加水至标线，摇匀。

100 度浊度标准溶液：吸取 100 mL 浊度为 250 度的标准液于 250 mL 容量瓶中，用水稀释至标线，摇匀。

于各标准溶液中分别加入生物抑制剂 $HgCl_2$，防止菌类生长。

② 用专用的浊度仪测定。

(3) 总悬浮固体(SS)的测定：用重量法测定

①实验步骤　将滤膜放在称量瓶中，打开瓶盖，在 103～105℃烘干 2 h，取出冷却后盖好瓶盖称重，直至恒重(两次称量相差不超过 0.000 5 g)；去除漂浮物后振荡水样，量取均匀适量水样(使悬浮物大于 2.5 mg)，通过上面称至恒重的滤膜过滤；用蒸馏水洗残渣 3～5 次。如样品中含油脂，用 10 mL 石油醚分两次淋洗残渣；小心取下滤膜，放入原称量瓶内，在103～105℃烘箱中打开瓶盖烘 2 h，冷却后盖好盖称重，直至恒重为止。

计算：

$$\text{悬浮固体}(\text{mg} \cdot \text{L}^{-1}) = (A - B) \times 1\,000 \times 1\,000 / V$$

式中：A 为悬浮固体＋滤膜及称量瓶质量(g)；B 为滤膜及称量瓶质量(g)；V 为水样体积(mL)。

② 注意事项　树叶、木棒、水草等杂质应先从水中除去；废水黏度高时，可加 2～4 倍蒸馏水稀释，振荡均匀，待沉淀物下降后再过滤，也可采用石棉坩埚进行过滤。

3. 化学需氧量(COD_{Cr})的测定

COD_{Cr}指水样在一定条件下，氧化 1 L 水样中还原性物质所消耗的强氧化剂的量，以氧的浓度 $mg \cdot L^{-1}$表示。

(1) 实验原理

COD 反映水体中受还原性物质污染的程度(综合指标)。由于废水中有机物的数量远多于无机还原物，因此 COD 可反映水体受有机物污染的程度。

在酸性溶液中，用一定量的 $K_2Cr_2O_7$ 氧化水中的还原性物质，过量的 $K_2Cr_2O_7$ 以试亚铁灵作指示剂，用硫酸亚铁铵溶液回滴，溶液的颜色由黄色→蓝绿色→红褐色为终点。根据硫酸亚铁铵的用量算出水样中的化学需氧量，以氧的浓度 $mg \cdot L^{-1}$表示。

(2) 试剂的配制

① 硫酸银-硫酸溶液　将 1 L 浓硫酸(ρ＝1.84 $g \cdot mL^{-1}$)加入含 10 g 硫酸银的烧杯，放置1～2天使之溶解，并混匀，使用前小心摇动。

② 重铬酸钾标准溶液　$c_{\frac{1}{6}K_2Cr_2O_7} = 0.250\ mol \cdot L^{-1}$，将在 105℃干燥 2 h 后的12.258 g 重铬酸钾溶于水中，稀释至 1 000 mL。

③ 硫酸亚铁铵标准滴定溶液　$c_{[(NH_4)_2Fe(SO_4)_2 \cdot 6H_2O]} \approx 0.10\ mol \cdot L^{-1}$，溶解 39 g 硫酸亚铁铵于水中，加入 20 mL 浓硫酸，待溶液冷却后稀释至 1 000 mL。硫酸亚铁铵标准滴定溶液的标定：取 10.00 mL 重铬酸钾标准溶液置于锥形瓶中，用水稀释至约 100 mL，加入 30 mL 硫酸混匀冷却后，加 3 滴(约 0.15 mL)试亚铁灵指示剂，用硫酸亚铁铵滴定，溶液的颜色由黄色经蓝绿色变为红褐色，即为终点。记录下硫酸亚铁铵的消耗量 V(mL)，并按下式计算硫酸亚铁铵标准滴定溶液浓度。

$$c_{[(NH_4)_2Fe(SO_4)_2 \cdot 6H_2O]} = \frac{10.00 \times 0.250}{V} (mol \cdot L^{-1})$$

④ 邻苯二甲酸氢钾标准溶液　$c_{KC_8H_5O_4} = 2.0824\ mmol \cdot L^{-1}$，称取经 105℃干燥 2 h 后的邻苯二甲酸氢钾 0.425 1 g 溶于水，并稀释至 1 000 mL，混匀。以重铬酸钾为氧化剂，将邻苯二甲酸氢钾完全氧化的 COD 值为 1.176(指 1 g 邻苯二甲酸氢钾耗氧 1.176 g)，故该标准溶液的理论 COD 值为 500 $mg \cdot L^{-1}$。

⑤ 1,10-邻菲啰啉指示液　溶解 0.7 g 七水合硫酸亚铁($FeSO_4 \cdot 7H_2O$)于 50 mL 的水中，加入 1.5 g 1,10-邻菲啰啉，搅拌至溶解，加水稀释至 100 mL。

(3) 实验步骤

① 回流　清洗所要使用的仪器，安装好回流装置。将水样充分摇匀，取出 20.0 mL 作为水样(或取水样适量加水稀释至 20.0 mL)，置于 250 mL 锥形瓶内，准确加入 10.0 mL 重铬酸钾标准溶液及数粒防爆沸玻璃珠。连接磨口回流冷凝管，从冷凝管上口慢慢加入 30 mL H_2SO_4－Ag_2SO_4 溶液，轻轻摇动锥形瓶使溶液混匀，回流两小时。冷却后用 20～30 mL 水自冷凝管上端冲洗冷凝管后取下锥形瓶，再用水稀释至 140 mL 左右。

② 水样测定　溶液冷却至室温后，加入 3 滴 1，10－邻菲啰啉指示液，用硫酸亚铁铵标准滴定液滴定至溶液由黄色经蓝绿色变为红褐色为终点。记下硫酸亚铁铵标准滴定溶液的消耗体积 V。

③ 空白溶液　按相同步骤以 20.0 mL 水代替水样进行空白实验，记录下空白滴定时消耗硫酸亚铁铵标准滴定溶液的消耗体积 V_0。

④ 进行校核试验　按测定水样同样的方法分析 20.0 mL 邻苯二甲酸氢钾标准溶液的 COD 值，用以检验操作技术及试剂纯度。该溶液的理论 COD 值为 500 mg・L^{-1}，如果校核试验的结果大于该值的 96%，即可认为实验步骤基本上是适宜的，否则，必须寻找失败的原因，重复实验使之达到要求。

⑤ 结果计算：

$$\mathrm{COD(ml \cdot L^{-1})} = \frac{c(V_0 - V) \times 8 \times 1\,000}{V_{水样}}$$

式中：c 为硫酸亚铁铵标准溶液的浓度，mol・L^{-1}；V_0 为空白实验所消耗的硫酸亚铁铵标准溶液的体积，mL；V 为水样测定所消耗的硫酸亚铁铵标准溶液的体积，mL；$V_{水样}$ 为水样的体积，mL；8 为 1/4 O_2 的摩尔质量。

4. 氨氮的测定——纳氏试剂法

(1) 实验原理

碘化汞和碘化钾的碱性溶液与氨反应，生成淡红棕色胶态化合物，其颜色深浅与氨氮含量成正比，通常可在波长 410～425 nm 范围内测其吸光度，计算其含量。本法最低检出浓度为 0.025 mg・L^{-1}，测定上限为 2 mg・L^{-1}。

(2) 试剂的配制

① 无氨水：每升蒸馏水中加 0.1 mL 硫酸，在全玻璃蒸馏器中重蒸馏，弃去 50 mL 初馏液，接取其余馏出液于具塞磨口的玻璃瓶中，密封保存。

② 1 mol・L^{-1} HCl。

③ 1 mol・L^{-1}NaOH。

④ 轻质 MgO：将 MgO 在 500℃下加热，以除去碳酸盐。

⑤ 0.05%溴百里酚蓝指示剂。

⑥ 硼酸吸收液：称取 20 g 硼酸溶于无氨水，稀释至 1 L。

⑦ 10% $ZnSO_4$：称取 10 g $ZnSO_4$ 溶于无氨水，稀释至 100 mL。

⑧ 25%NaOH：称取 25 g 氢氧化钠溶于无氨水，稀释至 100 mL，贮于聚乙烯瓶中。

⑨ 纳氏试剂可选择下列方法之一制备：(a) 称取碘化钾 5 g，溶于 10 mL 无氨水中，边搅拌边分次少量加入二氯化汞($HgCl_2$)粉末 2.5 g，直至出现微量朱红色沉淀溶解缓慢时，充分搅拌混合，并改为滴加二氯化汞饱和溶液，当出现少量朱红色沉淀不再溶解时，停止滴加。将上述溶液徐徐注入氢氧化钾溶液中(15 g 氢氧化钾溶于 50 mL 无氨水中，冷却至室温)，以无氨水稀释至 100 mL，混匀。于暗处静置过夜，将上清液移入聚乙烯瓶中，密封保存。此试剂至少可稳定一个月。(b) 称取 16 g 氢氧化钠，溶于 50 mL 无氨水中，冷却至室温。另称取 7 g 碘化钾和 10 g 碘化汞(HgI_2)分别用少量无氨水溶解，再混合，然后将此混合液在搅拌下徐徐注入氢氧化钠溶液中，用无氨水稀释至 100 mL，贮于聚乙烯瓶中，密塞于

暗处保存，有效期可达一年。

⑩ 酒石酸钾钠溶液：称取 50 g 酒石酸钾钠（$KNaC_4H_4O_6 \cdot 4H_2O$）溶于无氨水中，定容至 100 mL。

⑪ 铵标准贮备液[1]：称取 3.819 0 g 经 100℃烘干过的优级纯氯化铵（NH_4Cl）溶于无氨水中，定容至 1 000 mL 容量瓶中。此溶液 NH_4^+ 浓度为 1.00 mg · mL^{-1}。

⑫ 铵标准溶液：移取 5.00 mL 铵标准贮备液于 500 mL 容量瓶中，用无氨水稀释至标线。此溶液 NH_4^+ 浓度为 0.01 mg · mL^{-1}。

(3) 实验步骤[2][3]

① 水样蒸馏：取 250 mL 水样（如氨氮含量较高，可取适量并加水至 250 mL，使氨氮含量不超过 2.5 mg），移入凯氏烧瓶中，加数滴溴百里酚蓝指示液，用氢氧化钠溶液和盐酸溶液调节至 pH=7 左右。加入 0.25 g 轻质氧化镁和数粒玻璃珠，立即连接氮球和冷凝管，导管下端插入吸收液（50 mL 硼酸溶液）液面下。加热蒸馏，至馏出液达 200 mL 时，停止蒸馏，定容至 250 mL。

② 标准曲线绘制：吸取 0，0.50 mL，1.00 mL，2.00 mL，3.00 mL，5.00 mL，7.00 mL，10.00 mL 铵标准溶液于 50 mL 比色管中，加水至标线，加 1.0 mL 酒石酸钾钠，混匀。加 1.5 mL 纳氏试剂，混匀。放置 10 min 后，在波长 420 nm 处，用 20 mm 比色皿，以水为参比，测定吸光度，减去零浓度空白管的吸光度后，得到校正吸光度，绘制以氨氮含量（mg）对校正吸光度的标准曲线。

③ 水样测定：取适量絮凝沉淀预处理后的水样（使氨氮含量不超过 0.1 mg），加入50 mL 比色管中，稀释至标线；或取适量蒸馏预处理的馏出液，加入 50 mL 比色管中，加一定量 1 mol · L^{-1} 氢氧化钠溶液以中和硼酸，稀释至标线。

向上述比色管中加入 1.0 mL 酒石酸钾钠溶液，混匀。再加入 1.5 mL 纳氏试剂，混匀，放置 10 min 后，按绘制标准曲线测定条件测水样的吸光度。用 50 mL 无氨水代替水样，同时做空白试验。

④ 结果计算：由水样测得的吸光度减去空白试验的吸光度后，从标准曲线上查氨氮含量（mg）。

$$\text{氨氮}(\text{mg} \cdot \text{L}^{-1}) = m/V_{\text{样}} \times 1\,000$$

式中：m 为由标准曲线查得的氨氮含量，mg；$V_{\text{样}}$ 为水样的体积，mL。

5. 总磷的测定——钼酸铵（钼锑抗）分光光度法

(1) 实验原理

在中性条件下用过硫酸钾（或硝酸-高氯酸）使试样消解，将所含磷全部氧化为正磷酸盐。在酸性介质中，正磷酸盐与钼酸铵反应，在锑盐存在下生成磷钼杂多酸后，立即被抗坏

[1] 此溶液每毫升含 1.00 mg 氨氮。即 1 000 mL 该溶液中含中 NH_4^+ - N 为 1 g，故应称取 NH_4Cl：M_{NH_4Cl}/M_N =53.49/14.007=3.819 0。（参考《水和废水监测分析方法（第四版）》P280）。

[2] 纳氏试剂中碘化汞与碘化钾的比例对显色反应的灵敏度有较大影响，静置后生成的沉淀应去除。

[3] 滤纸中常含有痕量的铵盐，使用时注意用无氨水洗涤，所用玻璃器皿应避免实验室空气中氨的沾污。

血酸还原，生成蓝色的配合物。

（2）试剂的配制

① 1∶1 硫酸（H_2SO_4）。

② 5%（m/V）过硫酸钾溶液：溶解 5 g 过硫酸钾于水中，稀至 100 mL。

③ 10%抗坏血酸溶液：溶解 10 g 抗坏血酸于水中，稀释至 100 mL。贮于棕色瓶中，冷处存放。如颜色变黄，弃去重配。

④ 钼酸盐溶液：溶解 13 g 钼酸铵[$(NH_4)_6Mo_7O_{24} \cdot 4H_2O$]于 100 mL 水中。溶解 0.35 g 酒石酸锑钾[$KSbC_4H_4O_7 \cdot H_2O$]于 100 mL 水中。在不断搅拌下把钼酸铵溶液徐徐加到 300 mL H_2SO_4（1∶1）中，加酒石酸锑钾溶液并且混合均匀。试剂贮存在棕色瓶中，稳定 2 个月。

⑤ 磷酸盐贮备液：称取在 110℃干燥 2 小时的磷酸二氢钾 0.217 g 溶于水，移入 1 000 mL 容量瓶中，加（1∶1）硫酸 5 mL，用水稀释至标线。此溶液每毫升含 50.0 μg 磷。本溶液在玻璃瓶中可贮存至少六个月。

⑥ 磷酸盐标准使用液：吸取 10.00 mL 贮备液于 250 mL 容量瓶中，用水稀释至标线。此溶液每毫升含 2.00 μg 磷。使用当天配制。

⑦ 浊度-色度补偿液：混合 2 体积 H_2SO_4（1∶1）和 1 体积抗坏血酸溶液。使用当天配制。

（3）分析步骤

① 采样：采取 500 mL 水样后加入 1 mL 硫酸（1∶1）调节样品的 pH，使之低于或等于 1，或不加任何试剂于冷处保存。取 25 mL 样品于具塞刻度管中。取时应仔细摇匀，以得到溶解部分和悬浮部分均具有代表性的试样[1]。

② 消解——过硫酸钾消解法：向试样中加 4 mL 上述过硫酸钾溶液，将具塞刻度管的盖塞紧后，用一小块布和线将玻璃塞扎紧（或用其他方法固定），放在大烧杯中置于高压蒸气消毒器中加热，待压力达 1.1 $kg \cdot cm^{-2}$，相应温度为 120℃时、保持 30 min 后停止加热。待压力表读数降至零后，取出放冷。然后用水稀释至标线[2]。

③ 校准曲线的绘制：取 7 支 50 mL 的比色管，分别加入磷酸盐标准使用液 0、0.50 mL、1.00 mL、3.00 mL、5.00 mL、10.0 mL、15.0 mL，加水至 25 mL，加 4 mL 过硫酸钾进行消解，取出放冷后，稀释至 50 mL。向比色管中加入 1 mL 抗坏血酸，30 s 后加入 2 mL 钼酸盐溶液混匀，放置 15 min。使用光程为 30 mm 比色皿，在 700 nm 波长下，以水做参比，测定吸光度。以磷的质量（μg）为横坐标，吸光度为纵坐标，绘制校准曲线[3]。

④ 测量吸光度：分取适量经消解的水样，加入 50 mL 比色管中，用水稀释至标线，按绘制校准曲线步骤进行显色和测定，扣除空白试剂的吸光度后，从校准曲线上查出含磷量。

⑤ 结果计算

$$\text{总磷}\ c_{(P,mg/L)} = m/V$$

式中：m 为试样测得含磷量，μg；V 为测定用试样体积，mL。

---

[1] 含磷量较少的水样，不要用塑料瓶采样，因磷酸盐易吸附在塑料瓶壁上。

[2] 如用硫酸保存水样，当用过硫酸钾消解时，需先将试样调至中性。

[3] 如显色时室温低于 13℃，可在 20～30℃水浴上显色 15 min 即可。

6. 有机污染物的光催化降解

(1) 溶胶-凝胶法制备具有不同颗粒尺寸的纳米 TiO_2 光催化剂。

(2) 催化降解水样中的有机污染物

在待处理的1 L水样中加入1 g TiO_2 光催化剂，搅拌成悬浊液。光催化降解反应在多功能光化学反应仪中进行，光源是300 W高压汞灯。反应过程通入流量为100 mL·min^{-1}的空气，在稳定光源条件下反应60 min，静置澄清后，取上清液测定其COD_{Cr}值，并求出COD_{Cr}去除率。

$$COD_{Cr}\text{去除率}(\%)=\frac{COD_0-COD_1}{COD_0}\times 100\%$$

式中：COD_0 为未降解前水样的COD_{Cr}，mg·L^{-1}；COD_1 为降解后水样的COD_{Cr}，mg·L^{-1}。

另取两份水样，分别用不同粒径的 TiO_2 光催化剂重复上述步骤，作出粒径与水中有机物去除率关系曲线。

五、问题与讨论

(1) 测定色度一般指真色还是表色？

(2) 常用过滤方法有哪些？为何不能用滤纸过滤？

(3) 水样比色时，从比色管的正面观察可以吗？为什么？

(4) 测定溶解氧时干扰物质有哪些？如何处理？

(5) 测定氨氮时的干扰物质有哪些？如何消除？

(6) 测定氨氮时，絮凝沉淀和蒸馏法预处理各适用于何种水样？

(7) 测定COD_{Cr}时加入硫酸银和硫酸汞的目的？

(8) 测定COD_{Cr}时回流时发现溶液颜色变绿，试分析原因？如何处理？

(9) 若要改进COD的测定，你是怎样考虑的？

(10) 影响光催化降解的催化活性因素有哪些？

(11) 本实验系统的光催化机理如何？

六、参考文献

(1) 奚旦立，孙裕生，刘秀英. 环境监测(第三版)[M]. 北京：高等教育出版社，2004.

(2) 聂麦茜. 环境监测与分析实践教程[M]. 北京：化学工业出版社，2003.

(3) 国家环保局编. 水和废水监测分析方法[M]. 北京：中国环境科学出版社，1989.

(4) 毛宗万，童叶翔. 综合化学实验[M]. 北京：科学出版社，2008.

(5) 简丽，张前程，张凤宝，等. 纳米 TiO_2 的制备及其光催化性能[J]. 应用化工，2003，32(5)：25～26.

(6) 霍冀川. 化学综合设计实验[M]. 北京：化学工业出版社，2008.

(7) 杜志强. 综合化学实验[M]. 北京：科学出版社，2005.

(8) 邓昭平，倪师军，庹先国等. 纳米 TiO_2 对有机污染物的光催化降解机理及发展趋势. 成都：成都理工大学学报，2005.

本实验按40学时的教学要求，教师可以相应增减内容。

实验34 甲基丙烯酸酯类单体的原子转移自由基聚合

一、实验目的

(1) 掌握原子转移自由基聚合的原理和方法。

(2) 掌握常见烯类聚合单体和活性用聚合溶剂的纯化方法。

(3) 利用活性聚合方法设计和合成具有预定结构及功能的聚合物。

(4) 利用原子转移自由基聚合制备两亲性的嵌段共聚物并测定其表面张力。

(5) 掌握聚合物分子量及分子量分布的测定方法。

二、实验原理

1. 原子转移自由基聚合

原子转移自由基聚合是一种“活性”可控的自由基聚合方法，是一种有效地控制聚合物分子量、分子量分布和分子链端基团结构的聚合方法。其引发体系由卤化物(RX)和过渡金属配合物(M_t^n/L)组成。研究成功的原子转移自由基聚合体系很多，引发剂除α-卤代苯基化合物外，还有如α-卤代羰基化合物、α-卤代氰基化合物等；常用的卤素载体除卤化亚铜外，还包括 $Ru^{Ⅱ}$、$Rh^{Ⅱ}$、$Ni^{Ⅱ}$、$Fe^{Ⅱ}$ 等变价过渡金属卤化物，配体也有多种。下面以 Ph—$CHClCH_3$/CuCl/bipy 引发体系为例介绍原子转移自由基聚合的原理。

在 Ph—$CHClCH_3$/CuCl/bipy 引发体系中，Ph—$CHClCH_3$ 为引发剂、氯化亚铜为卤素载体即催化剂，双吡啶(bipy)为配体(L)以提高催化剂的溶解度，构成三元引发体系。Ph—$CHClCH_3$ 与亚铜双吡啶配合物[$Cu^{Ⅰ}$(bipy)]反应，形成苯乙基自由基和氯化铜双吡啶配合物[$Cu^{Ⅱ}$(bipy)Cl]。

典型的原子转移自由基聚合包括链引发、链增长和链终止三个过程。

① 链引发：

$$R-X+M_t^n/L \rightleftharpoons R\cdot+M_t^{n+1}X/L$$

② 链增长：

$$R\cdot+M \longrightarrow R-M\cdot \xrightarrow{nM} R-M_n^{\cdot}$$

③ 链终止：

$$\underset{\text{活性种}}{R-M_n^{\cdot}}+M_t^{n+1}X/L \rightleftharpoons \underset{\text{休眠种}}{R-M_n-X}+M_t^{n+1}/L$$

活性种和休眠种之间构成动态平衡，降低了自由基浓度，抑制了链终止反应，导致“可控/活性”聚合。无论是在链引发阶段，还是在链增长和终止阶段，卤原子始终在活性自由基和相应的过渡金属配合物间转移。因此称之为原子转移自由基聚合反应(Atom Transfer Radical Polymerization)，简称为 ATRP。

作为自由基聚合中的一种,原子转移自由基聚合可以通过本体聚合、溶液聚合、悬浮聚合和乳液聚合等多种方法进行聚合。通过原子转移自由基聚合可以制备具有指定结构的聚合物,如结构规整、分子量分布很窄的均聚物和嵌段共聚物。至今为此,只有借助活性聚合才能合成出不含有均聚物的、其分子量和组成均可控制的嵌段共聚物。在高分子合成中,目前普遍采用原子转移自由基聚合制备具有两亲性结构的嵌段聚合物。

2. 聚甲基丙烯酸甲酯(PMMA)的原子转移自由基聚合

本实验通过苯酚与 α-溴代异丁酰溴反应制备 ATRP 引发剂 α-溴代异丁酸苯酯,反应在二氯甲烷中进行,以三乙胺作为相转移催化剂。反应式为

CH_3, OH +, Br, H_3C, Br, O, CH_2Cl_2, 三乙胺, CH_3, H_3C, Br, O

同时以 α-溴代异丁酸苯酯为引发剂,在 CuCl/bipy (2,2′-联二吡啶)体系中引发甲基丙烯酸甲酯(MMA)发生原子转移自由基聚合,制备聚甲基丙烯酸甲酯(PMMA)。反应式为

$nH_2C{=}C$, CH_3, OCH_3, O, α- 溴代异丁酸苯酯, CuCl/bipy,ATRP, O, CH_3, n, Cl, PMMA, H_3C, CH_3, O, H_3C

3. 原子转移自由基聚合制备两亲性的聚甲基丙烯酸甲酯-b-聚甲基丙烯酸-N,N-二甲氨基乙酯(PMMA-b-PDMAEMA)

通过 ATRP 合成的 PMMA 末端存在氯原子,可以进一步作为 ATRP 引发剂引发其与甲基丙烯酸-N,N-二甲氨基乙酯(DMAEMA)共聚制备两亲性嵌段共聚物聚甲基丙烯酸甲酯-b-聚甲基丙烯酸-N,N-二甲氨基乙酯(PMMA-*b*-PDMAEMA)。反应式为:

$mH_2C{=}C$, CH_3, O, N, CH_3, CH_3, O, +, O, CH_3, n, Cl, H_3C, CH_3, O, H_3C, 苯甲醚, CuCl/bipy,ATRP

O, O, CH_3, H_3C, n, m, H_3C, O, OCH_3, O, N, CH_3, CH_3

PMMA-b-PDMAEMA

作为两亲性的嵌段聚合物,其中含有亲水性的嵌段 PDMAEMA 和疏水性的嵌段 PMMA,可以溶解于良溶剂如四氢呋喃中,但在不良溶剂中可以进行自组装形成胶束。

三、实验仪器与药品

1. 仪器

三颈烧瓶(100 mL,19#)、滴液漏斗(19#)、球形冷凝管(19#)、导气管(19#)、直形冷凝管(19#)、单颈烧瓶(500 mL×2,19#、100 mL×2,19#)、蒸馏头(19#)、三叉尾接管(19#)、冰浴、油浴、磁力搅拌装置、搅拌子 3 粒、旋转蒸发仪、氩气钢瓶、布氏漏斗、吸滤瓶、烧杯(100 mL×2)、烧杯(500 mL×2)、分液漏斗(500 mL)、锥形瓶(50 mL×2)、超声波清洗器、层析柱(19#)、安培瓶。

2. 药品

苯酚、二氯甲烷、浓盐酸、无水硫酸镁、正己烷、丙酮、石油醚、甲基丙烯酸甲酯、甲基丙烯酸-N,N-二甲氨基乙酯、α-溴代异丁酰溴、苯甲醚、氢氧化钠、四氢呋喃、2,2′-联二吡啶、氯化亚铜、氯化铜、三乙胺、甲醇、氢化钙、无水硫酸钠。

四、实验步骤

1. 溶剂与试剂的精制与纯化

(1) 二氯甲烷

二氯甲烷中加入稀硫酸,振荡直至硫酸层无色。然后依次用水洗涤、5%碳酸钠溶液洗涤、水洗涤。加入无水氯化钙干燥,过滤后加入氢化钙回流至无气泡释放,减压蒸馏得二氯甲烷。纯化后的二氯甲烷中加入 4Å 分子筛,存放在棕色瓶中。

(2) 三乙胺

三乙胺中加入经活化的 4Å 分子筛、搅拌 24 h,再经减压蒸馏后获得。

(3) 氯化亚铜

纯净的氯化亚铜为白色固体,但其在空气中易氧化形成氯化铜,慢慢转变为浅绿色固体粉末,可以采用以下方法精制:氯化亚铜粉末用浓盐酸溶解后,倒入大量的去离子水中,过滤得白色粉末后,用无水乙醇洗涤 2～3 次,真空干燥后置于棕色瓶中于干燥器中备用。

(4) 甲基丙烯酸甲酯(MMA)

商品甲基丙烯酸甲酯中一般含有阻聚剂如对苯二酚,可以采用碱溶液洗涤除去。具体方法如下:250 mL 甲基丙烯酸甲酯中加入 50 mL 5%的氢氧化钠溶液洗涤数次,直至碱液层无色。再分别用水洗涤至中性,加入 5%的无水硫酸钠干燥 24 h。减压蒸馏,收集 50℃/16.5 kPa 的馏分。精制后的甲基丙烯酸甲酯单体存放于 0～5℃的冰箱中保存备用。

(5) 甲基丙烯酸甲酯-N,N-二甲氨基乙酯(DMAEMA)的精制

DMAEMA 为无色液体,能溶于水及有机溶剂,相对密度为 0.927(25℃),沸点:186℃;$n_D^{20}=1.4391$。

甲基丙烯酸甲酯-N,N-二甲氨基乙酯在储存时加入 0.2%的对苯二酚甲醚作稳定剂。使用前用碱性氧化铝过柱或在氮气保护下经减压蒸馏获得。精制后的 DMAEMA 存放于 0～5℃ 的冰箱中保存备用。

2. 引发剂 α-溴代异丁酸苯酯的制备

100 mL 的三颈烧瓶中分别加入 1 g 苯酚及 30 mL 精制的二氯甲烷作溶剂,苯酚溶解后加入 1.5 mL 三乙胺。在 50 mL 的恒压滴液漏斗中加入 3.8 g α-溴代丁酰溴后,再加入

20 mL 二氯甲烷。在冰浴中通入氩气保护并将 α-溴代丁酰溴的二氯甲烷溶液滴入苯酚的二氯甲烷溶液中,30～40 min 内滴完后继续回流 1～1.5 h。撤去冰浴,在室温下继续反应 12 h,反应产物用去离子水洗涤 3～5 次,分液后油相用旋转蒸发仪除去溶剂。计算得率,产物纯度用 HPLC 测定,产物结构通过 ^{1}H NMR 表征。

3. *甲基丙烯酸甲酯的原子转移自由基聚合*

5 mL 安培瓶中加入精制的甲基丙烯酸甲酯(MMA) 3 mL(0.028 32 mol),并按摩尔比 MMA∶CuCl∶bipy∶α-溴代异丁酸苯酯=100∶1∶3∶1 分别加入氯化亚铜 28 mg (0.28 mmol)、2,2′-联二吡啶 132.5 mg(0.85 mmol)、α-溴代异丁酸苯酯 68 mg(0.28 mmol),通过磁力搅拌使体系混和均匀。安培瓶中通入氩气鼓泡 20 min,火焰封管。安培瓶置于 70℃油浴中至体系不流动。产物用四氢呋喃溶解,加入大量甲醇沉淀并加入 1 滴浓盐酸,静置 12 h,过滤后将沉淀放于 50℃烘箱中干燥,称量并计算产率。产物分子量用 GPC 测定,结构用 ^{1}H NMR 表征。

4. *两亲性的嵌段共聚物的合成*

5 mL 安培瓶中加入制备的聚甲基丙烯酸甲酯作引发剂,并加入适量干燥的苯甲醚使之完全溶解。按照摩尔比为甲基丙烯酸甲酯-N,N-二甲氨基乙酯:氯化亚铜:2,2′-联二吡啶:PMMA=50∶1∶3∶1 加入计算用量的氯化亚铜、2,2′-联二吡啶及甲基丙烯酸甲酯-N,N-二甲氨基乙酯,其中 PMMA 的物质的量需要以 GPC 测定分子量后计算,磁力搅拌使体系混和均匀。通入氩气鼓泡 20 min,火焰封管。安培瓶置于 90℃油浴中至预定时间。产物用四氢呋喃溶解,加入大量石油醚沉淀,静置 12 h,过滤后将沉淀放于 50℃烘箱中干燥 24 h 后,称量并计算产率。产物分子量用 GPC 测定,结构用 ^{1}H NMR 表征。

5. *两亲性的嵌段共聚物的自组装*

取约 10 mg 的嵌段共聚物溶解于 1 mL 四氢呋喃中,剧烈搅拌下逐滴加入 9 mL 去离子水中,观察体系变化。用动态光散射测定形成胶束的粒径及分布,取少量的胶束滴在干净的载玻片上,室温干燥后用扫描电镜观察形成的胶束形态。

五、实验数据与处理

(1) 制备的聚甲基丙烯酸甲酯的质量、产率;产物的 GPC 结果、数均分子量(M_n)及分子量分散指数;产物的 ^{1}H NMR 表征结果及分析。

(2) 制备的嵌段共聚物的质量、产率;产物的 GPC 结果、数均分子量(M_n)及分子量分散指数;产物的 ^{1}H NMR 表征结果及分析。

(3) 嵌段共聚物的自组装胶束的动态光散射分析结果、胶束形态的扫描电镜照片。

六、问题与讨论

(1) 二氯甲烷等用氢化钙除水时应注意什么? 未分解的氢化钙如何处理?

(2) 分子筛使用前如果活化?

(3) α-溴代异丁酸苯酯的制备时为什么必须在冰浴中进行? 该反应为什么应在无水条件下进行? 三乙胺起什么作用?

(4) 原子转移自由基聚合为什么必须在氩气保护下进行?

(5) 如何分析共聚物的 GPC、^{1}H NMR 表征结果?

（6）聚甲基丙烯酸甲酯-b-聚甲基丙烯酸-N,N-二甲氨基乙酯（PMMA-*b*-PDMAEMA）的四氢呋喃溶液为什么滴入水溶液中可以发生自组装？形成的胶束的粒径和形态与哪些因素有关？

七、参考文献

（1）卞国庆，纪顺俊．综合化学实验[M]．苏州：苏州大学出版社，2007．

（2）潘祖仁．高分子化学[M]．北京：高等教育出版社，2007．

（3）王晓松，罗宁，应圣康．CuX/bpy 催化体系中甲基丙烯酸甲酯的原子转移自由基聚合[J]．功能高分子学报，1998．

本实验按 60 学时的教学要求，教师可以相应增减内容。

实验35 超高吸水性材料
——低交联度聚丙烯酸钠的合成

一、实验目的

(1) 了解反相悬浮聚合的原理和方法。

(2) 通过反相悬浮聚合合成低交联度的聚丙烯酸钠。

(3) 通过测定制备的聚丙烯酸钠的吸水性能了解交联度等因素对材料吸水性能的影响。

二、实验原理

1. 吸水性材料

所谓吸水性材料指能吸收远超自重数倍水分的材料。传统的吸水性材料如纸、棉和泡沫等只能吸收自身10～20倍的水，而超高吸水性材料可以吸收数百乃至上千倍自身质量的水分，其可以作为工业脱水剂、卫生材料以及农业和园艺栽培的水土保持剂。

超高吸水性材料通常由聚丙烯酸、聚乙烯醇、聚丙烯酰胺、聚氧化乙烯以及聚乙烯基吡咯烷酮等水溶性高分子交联制备。交联度的大小即交联剂的种类和用量对材料的吸水性能有很大影响。交联度太小，材料的强度太低并可能在水中发生溶失；而如果交联度太大，则会导致材料的溶胀度降低，两者均会使材料的吸水能力下降。因此选择合适的交联剂并确定合理的用量，对制备超高吸水性材料至关重要。对聚丙烯酸钠类吸水性材料，聚合物的中和程度也是影响材料吸水性能的重要因素。

2. 反相悬浮聚合

悬浮聚合体系一般由单体、油溶性引发剂、水和分散剂等四个基本组分组成。悬浮聚合是以分散在水中的单体小液滴作为本体聚合单元，单体在引发剂引发下发生聚合，中间经过聚合物-单体黏性粒子阶段，最终形成聚合物粒子。在聚合过程中，为了防止聚合物粒子粘并，在体系中加入分散剂，在粒子表面形成保护层。

反相悬浮聚合则采用脂肪烃等作为分散介质，以山梨糖油酸酯以及司班、吐温等作为悬浮分散剂，同时采用过硫酸盐等水溶性引发剂引发浓的单体水溶液在逆悬浮体系中进行聚合。本实验采用丙烯酸作为单体、以N,N-亚甲基双丙烯酰胺作为交联剂，在正己烷中以过硫酸钾为引发剂引发悬浮聚合，并加入司班-60、OP乳化剂作为悬浮分散剂。

三、实验仪器与药品

1. 仪器

三颈烧瓶(250 mL，19#)、滴液漏斗(19#)、球形冷凝管(19#)、导气管(19#)、直形冷凝管(19#)、单颈烧瓶(100 mL×2，19#)、蒸馏头(19#)、三头接应管(19#)、分水器、水浴、机械搅拌器、氮气钢瓶、烧杯(100 mL×2)、研钵、尼龙纱布、红外干燥箱。

2. 药品

丙烯酸、N,N-亚甲基双丙烯酰胺、司班-60、OP乳化剂、过硫酸钾、氢氧化钠、正己烷。

四、实验步骤

1. 丙烯酸的精制

商品丙烯酸中一般含有对苯二酚等阻聚剂，可以采用减压蒸馏的方法去除。精制后的丙烯酸单体存放于 0～5℃的冰箱中保存备用。

2. 低交联度的聚丙烯酸钠的制备

在 100 mL 烧杯中加入 10 mL 经纯化的丙烯酸，以冰水浴冷却在搅拌下加入 20 mL 18%的氢氧化钠溶液，再加入 0.006 g N,N-亚甲基双丙烯酰胺、0.047 g 过硫酸钾，搅拌使之全部溶解。将溶液转移至三颈烧瓶，加上回流冷凝管、分水器，在搅拌下依次加入 0.6 g 司班-60、60 mL 正己烷，升温溶解后再降至室温，最后加入剩余的 10 mL 纯化的丙烯酸。

在搅拌下水浴加热至 65℃。回流 3 h 后，升温至 90～95℃进行脱水。反应结束后分离出凝胶，烘干后在研钵中研碎至 20～60 目。

3. 材料吸水性能的测定

在 100 mL 烧杯中加入 60～70 mL 去离子水，称取 0.1 g 粉末状聚丙烯酸钠加入去离子水中，溶胀 30 min 以上。用已称重的尼龙纱布过滤，让其自然滴滤 15 min 后，连同滤布一起称重。计算其吸水率(吸水后聚合物的质量除以干燥粉末的质量，g 纯水/g 聚合物)。

五、实验数据与处理

(1) 制备的聚丙烯酸钠的质量、产率；产物的 GPC 结果、数均分子量(M_n)及分子量分散指数；产物的^{1}H NMR 表征结果及分析。

(2) 制备的吸水性材料的吸水率。

六、问题与讨论

(1) 反相悬浮聚合的机理？和悬浮聚合有何差别？

(2) 影响聚丙烯酸钠的吸水率有哪些因素？

(3) 除了聚丙烯酸钠外还有哪些材料可以作为吸水性材料使用？

七、参考文献

(1) 路建美，朱秀林. 低分子量聚丙烯酸钠的研制及应用[J]. 化学世界，1994. 471～474.

(2) 路建美，朱秀林. 高吸水性树脂的合成及性能研究[J]. 高分子材料科学与工程. 1992. 35～39.

(3) 路建美，程振平，朱秀林. 等离子体引发高吸水性树脂的合成及性能[J]. 胶体与聚合物. 1999. 13～16.

(4) 卞国庆，纪顺俊. 综合化学实验[M]. 苏州：苏州大学出版社，2007.

(5) 潘祖仁. 高分子化学[M]. 北京：高等教育出版社，2007.

(6) 武汉大学. 分析化学[M]. 北京：高等教育出版社，2005.

本实验按 15 学时的教学要求，教师可以相应增减内容。

实验36　壳聚糖的制备、性质及其定向聚合产物的制备及其结构与性能研究

一、实验目的

（1）掌握壳聚糖制备的原理和方法；

（2）掌握壳聚糖分子量及脱乙酰度测定的原理和方法；

（3）学习通过壳聚糖铜配合物引发甲基丙烯酸甲酯聚合制备壳聚糖接枝聚合物；

（4）学习通过壳聚糖引发丙烯酸与N,N′-亚甲基双丙烯酰胺共聚制备高吸水性树脂。

二、实验原理

1. 甲壳素和壳聚糖的结构与性能

甲壳素又称几丁质，是一种天然高分子化合物，学名是4-氧-2(氨基-2-脱氧-β-D-吡喃葡萄糖)-1,4-2-氨基-2-脱氧-D-葡萄糖，是由N-乙酰氨基葡萄糖以β-1,4糖苷键缩合而成的，其结构式为：

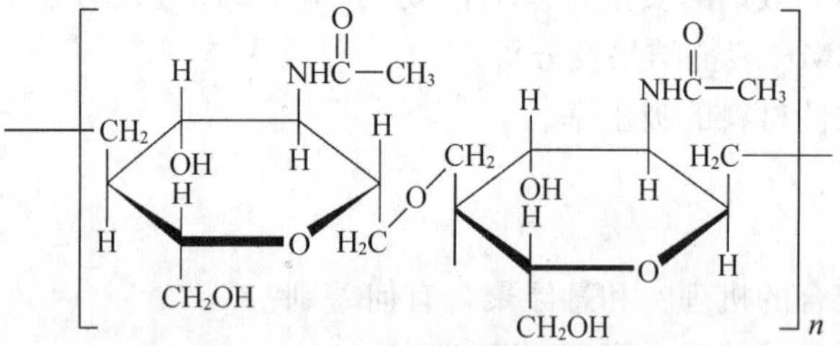

甲壳素来源于蟹、虾等节肢动物的外壳，同时也广泛存在于真菌中，是地球上产量仅次于纤维素的碳水化合物。甲壳素的脱乙酰度低于10%，聚合度为5 000～10 000，相对分子量为(1～2.5)×10^6 Da。由于链的规整性，同时分子链内和分子链间存在很强的氢键，甲壳素具有很高的结晶度。甲壳素不溶于水、稀酸、稀碱和常见的有机溶剂，仅可以溶解于浓盐酸、硫酸、磷酸和甲酸等强酸和六氟异丙醇、六氟丙酮等多卤溶剂。

壳聚糖是甲壳素的脱乙酰化产物，脱乙酰度为55%～98%，相对分子量在5×10^4～2×10^6 Da。其结构式可以表示为：

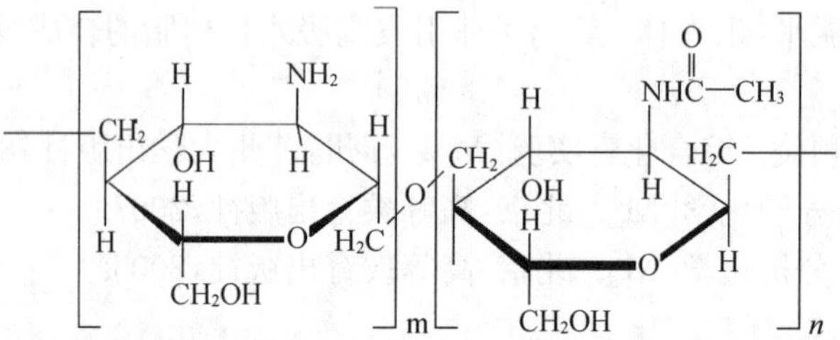

与甲壳素相比，壳聚糖同样不溶于水和常见的有机溶剂，但可以溶解于稀盐酸等无机酸和大

多数有机酸，在异丙醇/NaOH 和吡啶/NaOH 等体系中可以发生溶胀。壳聚糖具有良好的生物相容性和生物降解性能，同时具有良好的吸附性、成膜性、通透性和吸湿性能，在生物材料、组织工程、化妆品、食品、废水处理等方面有重要的应用。

2. 甲壳素和壳聚糖的制备

甲壳素由蟹、虾等节肢动物的外壳通过氢氧化钠去除蛋白质，并通过盐酸去碳酸钙等无机盐，再通过丙酮等有机溶剂抽提脱色来制备。而壳聚糖则由甲壳素在浓氢氧化钠溶液中发生脱乙酰化反应获得。甲壳素在浓碱液中脱乙酰化时，不可避免地发生糖苷键的断裂，因此与甲壳素相比，壳聚糖的聚合度大大降低。

3. 壳聚糖分子量和脱乙酰度的测定

壳聚糖的分子量一般通过黏度法测定，将壳聚糖溶解于1%的乙酸-1%NaCl中，采用乌氏黏度计按逐级稀释法进行测量。壳聚糖的粘均分子量用 Mark-Houwink 计算：

$$[\eta] = KM^{\alpha}$$

其中 $K = 1.81 \times 10^{-3}$，$\alpha = 0.93$。

而脱乙酰度则通过酸碱滴定法测定，但接近测定终点时体系中会有壳聚糖沉淀析出。同时由于壳聚糖是一种大分子化合物，其溶液呈胶体状态。采用一般的指示剂（如甲基橙-苯胺蓝）时，很难确定终点。可以采用线性电位滴定法，外推确定测定终点。当然壳聚糖的脱乙酰度也可以采用元素分析或 ^{1}H NMR 等方法测定。

4. 壳聚糖接枝甲基丙烯酸甲酯

壳聚糖分子链中由于存在氨基，其对金属离子有很强的络合能力，形成的配合物在有机溶剂中有很强的稳定性，在四氯化碳等存在时可以作为引发剂引发甲基丙烯酸甲酯等烯类单体发生聚合。

5. 壳聚糖接枝丙烯酸制备高吸水性树脂

壳聚糖分子链中存在氨基，可以与过硫酸铵等氧化剂形成氧化-还原引发体系引发丙烯酸聚合，同时采用 N,N′-亚甲基双丙烯酰胺作为交联剂，制备壳聚糖、丙烯酸互穿网络型树脂。制备的树脂分子链上由于存在大量的侧羧基，有很强的吸水性，可以作为高吸水性树脂在医用材料和生活卫生材料有广泛的应用。

三、实验仪器与药品

1. 仪器

三颈烧瓶（250 mL，19#）、单颈烧瓶（50 mL，19#）、锥形瓶（50 mL×3）、pH 计、磁力搅拌装置、搅拌子、油浴、布氏漏斗、吸滤瓶、烧杯（250 mL×2）、烧杯（100 mL×2）、循环水泵。

2. 药品

氢氧化钠、浓盐酸、四氯化碳、95%乙醇、丙酮、氯化钠、甲基丙烯酸甲酯、丙烯酸、N,N′-亚甲基双丙烯酰胺、无水硫酸镁、乙酸、过硫酸铵。

四、实验步骤

1. 甲基丙烯酸甲酯（MMA）的精制

商品甲基丙烯酸甲酯中一般含有阻聚剂如对苯二酚，可以采用碱溶液洗涤除去。具体方法如下：250 mL 甲基丙烯酸甲酯中加入 50 mL 5%的氢氧化钠溶液洗涤数次，直至碱液层无色。再分别用水洗涤至中性，加入 5%的无水硫酸镁干燥 24 h。减压蒸馏，收集 50℃/16.5 kPa 的馏分。精制后的甲基丙烯酸甲酯单体存放于 0～5℃的冰箱中保存备用。

2. 丙烯酸的精制

商品丙烯酸中一般含有对苯二酚等阻聚剂，可以采用减压蒸馏的方法去除。精制后的丙烯酸单体存放于 0～5℃的冰箱中保存备用。

3. 甲壳素的制备

称取 10 g 干燥的虾壳置于 500 mL 烧杯中，加入 150 mL 浓度为 2%的氢氧化钠溶液，搅拌下处理 1 h，用大量去离子水洗涤至中性。再加入 100 mL 浓度为 1 mol・L^{-1} 的盐酸溶液室温下处理 1～2 h，并用大量去离子水洗涤至中性。重复以上操作三次，获得的片状甲壳素粉碎至 150～300 目，以丙酮作溶剂在索氏提取器中脱色 24 h，真空干燥，得粉末状甲壳素。

4. 壳聚糖的制备

在氮气保护下，向 100 mL 三颈烧瓶中加入 2 g 制备的甲壳素，同时加入 40 mL 浓度为 40%的 NaOH 溶液，搅拌升温至 110℃进行脱乙酰化反应 2～3 h，冷却。产物用去离子水洗涤至弱碱性。获得的壳聚糖用丙酮脱色精制，真空干燥。

5. 壳聚糖分子量的测定

将超级恒温槽的温度调节至 25℃。在乌氏黏度计 B、C 管上小心接上乳胶管，用烧瓶夹将黏度计固定在铁架台上，放入恒温槽中，使毛细管垂直于水面，并保持水面浸没 a 线上方的球。用移液管从 A 管注入 10 mL 的 1%乙酸- 1%NaCl(经过滤)，恒温 10 min 后，用螺旋夹夹住 C 管，用洗耳球吸气使溶剂液面升至 a 线上方球的一半，松开螺旋夹。用秒表记录液面从 a 线到 b 线的时间，记录为 t_0。重复三次以上，每次误差不大于 0.2 s，取其平均值。用大量水洗涤乌氏黏度计，烘干待用。

以 1%乙酸- 1%NaCl 为溶剂准确配制 1%的壳聚糖溶液，纱布过滤去除不溶物。

用移液管吸取 10 mL 溶液注入黏度计，黏度测定方法同前。测出溶液流出时间 t_1，再加入 5 mL 溶剂，将其混合均匀，并将溶液吸至 a 线上方球的一半，洗涤三次。用同样的方法测得 t_2。同样操作，再加入 5 mL、10 mL、10 mL 溶剂，分别测得 t_3、t_4、t_5。

6. 壳聚糖脱乙酰度的测定

称取 50～60 mg 壳聚糖，加入 20 mL 浓度为 0.1 mol・L^{-1} 的盐酸标准溶液，待完全溶解后，再加入 50 mL 去离子水，搅拌下加入 0.1 mol・L^{-1} 的氢氧化钠标准溶液，当溶液的 pH 接近于 2 时，每加入 1.0 mL 氢氧化钠标准溶液时测定溶液体系的 pH，取四个实验值。根据以下公式：

$$f(V) = V_e - V = \frac{V_0 - V}{c_B}(c_{H^+} - c_{OH^-}) \quad (36-1)$$

根据(36 - 1)式计算得到的 f(V)值对 V 作图，求直线与横坐标的交点，可得到等当量点时的氢氧化钠标准溶液体积 V_e，再根据下式计算样品的脱乙酰度：

$$C_{NH_2} = \frac{(c_1V_1 - c_2V_2) \times 0.016}{m} \times 100\% \quad (36-2)$$

$$DD = \frac{203 \times c_{NH_2}}{42 \times c_{NH_2} + 16} \times 100\% \quad (36-3)$$

式中：V 为滴定时使用的氢氧化钠标准溶液体积(mL)；V_0 为开始加入的氢氧化钠标准溶液的体积(mL)；c_B 为氢氧化钠标准溶液的浓度($mol \cdot L^{-1}$)；V_e 为达到当量点的氢氧化钠标准溶液的体积(mL)；c_1 为盐酸标准溶液的浓度($mol \cdot L^{-1}$)；V_1 为开始加入的盐酸标准溶液的体积(mL)；c_2 为氢氧化钠标准溶液的浓度($mol \cdot L^{-1}$)；V_2 为滴定时使用氢氧化钠标准溶液体积(mL)；m 为样品的质量(g)。

7. 壳聚糖引发甲基丙烯酸甲酯的聚合

在 50 mL 烧瓶中加入 1 g 壳聚糖，用几滴 1 $mol \cdot L^{-1}$的盐酸酸化，加入 20 mL 去离子水使之全部溶解(如有未溶解固体可以补加几滴 1 $mol \cdot L^{-1}$的盐酸)，再加入5 mL 浓度为10%的氢氧化钠溶液，调节其 pH 为 9～10，继续搅拌 2～3 h，放置过夜。

取 5 mL 上述溶液，加入 1 mL 四氯化碳和 5 mL 精制的甲基丙烯酸甲酯，通入氮气 20～30 分钟，升温至 60℃并回流 3 h，冷却。反应体系中加入 10 mL 四氢呋喃，溶解产物，将反应物倒入甲醇中，沉淀、过滤，真空干燥。

8. 壳聚糖接枝丙烯酸制备高吸水性树脂

三颈烧瓶中加入 2 g 壳聚糖粉末，再加入 120 mL 浓度为 2%的乙酸溶液，60℃水浴加热，机械搅拌，通入氮气 20～30 min。加入 0.3 g 过硫酸铵，溶解后加入 9 g 精制过的丙烯酸和 0.03 g N,N′-亚甲基双丙烯酰胺，回流 6 h。冷却，加入 200 mL 乙醇，剧烈搅拌下用 10%的氢氧化钠调节其 pH 至中性、抽滤。沉淀用乙醇洗 3 次，再用 4∶1 的乙醇/水溶液浸泡 24 h，过滤、真空干燥。

将反应粗产品用丙酮抽提 24 h，烘干至恒重。计算其接枝率 $G\%$ 和接枝效率 $E\%$。

$$G\% = (M_3 - M_1)/M_1 \times 100\%$$

$$E\% = (M_3 - M_1)/(M_2 - M_1) \times 100\%$$

其中 M_1、M_2、M_3 分别为壳聚糖、接枝粗产品和抽提后产物的质量。

取 1 g 树脂，加入 100 mL 去离子水，25℃水浴中溶胀 12 h，称量，计算其吸水率。

五、实验数据与处理

(1) 制备的甲壳素的形貌、质量、得率。

(2) 制备的壳聚糖的形貌、质量、得率。

(3) 壳聚糖分子量的测定，将结果填入表 36-1。

表 36-1　实验数据记录表

	流出时间(时间单位)				η_r	$\ln\eta_r$	$\ln\eta_r/c$	η_{sp}	η_{sp}/c
	1	2	3	平均					
t_0									
t_1									
t_2									
t_3									
t_4									
t_5									

以 η_{sp}/c 和 $\ln\eta_r$ 对 c 作图，外推至 $c=0$，求出[η]。利用 Mark-Houwink 计算壳聚糖的粘均分子量。

(4) 壳聚糖脱乙酰度的测定，将实验结果填入表 36-2。

表 36-2 实验数据记录表

加入氢氧化钠体积(mL)	pH			
	1	2	3	平均

根据(36-1)式计算得到的 f(V)值对 V 作图，求直线与横坐标的交点，可得到等当量点时的氢氧化钠标准溶液体积 V_e，再根据式(36-2)和式(36-3)计算样品的脱乙酰度。

(5) 壳聚糖接枝甲基丙烯酸甲酯的制备

制备的壳聚糖接枝甲基丙烯酸甲酯的形貌、质量、得率，样品的红外光谱及其分析

(6) 壳聚糖-丙烯酸吸水树脂的制备

制备的壳聚糖-丙烯酸吸水树脂的形貌、质量、得率，样品的红外光谱及其分析。壳聚糖接枝率和接枝效率以及吸水性树脂吸水率的测定结果。

六、问题与讨论

(1) 甲壳素制备壳聚糖的原理是什么？有几种方法？用反应式表示出强碱水解法制备壳聚糖的过程。

(2) 为什么壳聚糖金属配合物可以引发烯类单体发生聚合？pH 对反应有何影响？

(3) 壳聚糖-过硫酸铵引发丙烯酸聚合的原理是什么？过硫酸铵用量的多少对接枝反应有何影响？

(4) 采用粘均法测定壳聚糖分子量的误差主要来源是什么？如何降低测量误差？

七、参考文献

(1) 卞国庆，纪顺俊. 综合化学实验[M]. 苏州：苏州大学出版社，2007.

(2) 复旦大学. 高分子实验技术[M]. 上海：复旦大学出版社，2004.

(3) 刘俊龙，孙振玲. 壳聚糖接枝甲基丙烯酸甲酯的合成及其结构表征[J]. 塑料制造，2008(3)：86～90.

本实验按 60 学时要求，教师可以根据具体情况酌情增减。

实验 37　纳米二氧化钛的制备和应用

一、实验目的

(1) 熟悉不同原料,不同方法制备 TiO_2 纳米粒子。

(2) 了解 TiO_2 纳米粒子的表征内容和方法。

(3) 掌握 TiO_2 纳米粒子光催化作用及性能表征。

(4) 掌握纳米半导体光电化学太阳能电池的制备和常用的表征方法。

二、实验原理

纳米 TiO_2 具有纳米粒子特有的表面效应、体积效应、量子效应和宏观量子隧道效应等。是一个崭新的无机功能材料,与普通的 TiO_2 相比,具有比表面积大、表面活性高、光吸收性能良好及紫外线屏蔽能力强等独特的性能,已广泛地应用于化工、陶瓷、催化剂、传感器、半导体、光电化学太阳能电池、高档面漆及化妆品等领域。同时,TiO_2 纳米粒子具有合适的禁带宽度、较大的比表面积、较强的氧化-还原性、无毒,被广泛地用作光催化反应的催化剂。TiO_2 纳米粒子分为板钛矿相、锐钛矿相和金红石相。板钛矿相 TiO_2 因为不稳定没有得到广泛地应用。作为光催化剂作用使用时,锐钛矿相 TiO_2 具有更高的催化效率。另一方面,金红石相结构比较稳定,具有较强的覆盖力、着色力和紫外线吸收能力。

纳米粒子的制备方法有气相法和液相法两大类。液相法具有合成温度低、制备方法简单、易操作、成本低等特点。除了这种基本的方法外,近年来又开发了将纳米 TiO_2 与有机高分子树脂复合制备性能优异的新型纳米复合材料。

液相法中有溶胶凝胶法(sol-gel)、均匀沉淀法、微乳法、水热法等十多种,下面介绍几种常见的制备方法:

1. 溶胶凝胶法

Sol-gel 法是 20 世纪 80 年代兴起的一种制备材料的湿化学方法,以钛醇盐 $Ti(OR)_4$ ($R{=}{-}C_2H_5, {-}C_4H_7, {-}C_4H_9$)为原料,将钛醇盐溶于乙醇、丙醇或丁醇等溶剂中形成均相溶液,使钛醇盐在分子均匀的水平上进行水解反应,生成物聚集成 1 nm 左右的粒子并形成溶胶,经陈化后形成三维网络的凝胶,干燥除去水分、有机溶剂和有机基团得到干凝胶,经研磨、煅烧得到纳米 TiO_2 粉体。纳米 TiO_2 粉体的制备可设计为两条工艺路线:粒子凝胶法和聚合凝胶法。

① 粒子凝胶法:钛醇盐先在过量水中快速水解,形成胶状 $Ti(OH)_4$ 沉淀,然后加入酸或碱解溶,使沉淀溶解并分散成大小在胶体范围内的粒子,形成稳定的溶胶。

② 聚合凝胶法:严格控制钛醇盐的水解速度和水解程度,使钛醇盐部分水解,在 Ti 上引入 OH 基,这些带 OH 的钛醇化合物相互缩合,形成有机-无机聚合分子溶胶。

Sol-gel 具有反应温度低(通常在常温下)、设备价低、工艺可控、过程重复性好等特点。

2. *液相沉淀法*

一般以 $TiCl_4$、$Ti(SO_4)_2$ 等无机钛盐为原料，将氨水、Na_2CO_3 或 NaOH 等碱性物质加入到钛盐溶液中，生成无定形的 $Ti(OH)_4$ 沉淀，将沉淀过滤、洗涤、干燥，经在 600℃ 和 800℃下分别进行煅烧，分别得到锐钛矿型和金红石型纳米 TiO_2 粉体。

采用液相沉淀法合成纳米 TiO_2，必须通过液固分离才能得到沉淀物，由于 SO_4^{2-} 或 Cl^- 等无机离子的大量引入，需反复洗涤去除这些离子，存在工艺流程长，废液多、产物损失较大等缺点，完全洗净无机离子较困难，所制备的 TiO_2 粉体纯度不高，该法适用于纯度要求不高的领域。

3. *微乳液法*

微乳液法是一种制备纳米粉体的新型方法。微乳液是由表面活性剂、助表面活性剂(通常为醇类)、油(通常为碳氢化合物)和水(或电解质溶液)组成的透明的、各向同性的热力学稳定体系。超细粉体的制备是通过混合两种含有不同反应物的微乳液实现的。反应机理是:当两种微乳液混合后，由于胶团颗粒的碰撞，发生了水核内物质的相互交换和传递，化学反应就在水核内进行。一旦水核内粒子长到一定尺寸，表面活性剂分子将附在粒子的表面，使粒子稳定并防止其进一步长大。微乳液中反应完成后，通过超离心或加入水和丙酮混合物的方法，使超细颗粒与微乳分离，用有机溶剂清洗附在粒子表面的油和表面活性剂，最后在一定温度下干燥，煅烧得到超细粉。微乳液的结构从根本上限制了颗粒的生长，使超细粉的制备变得容易实现。

4. *水热法*

水热法制备纳米粉体是在特制的密闭反应容器(高压釜)内，采用水溶液作反应介质，通过对反应器加热，创造一个高温、高压反应环境，使前驱物在水热介质中溶解，进而成核、生长，最终形成具有一定粒度和结晶形态的晶粒。水热法制备粉体常采用固体粉末或新配置的凝胶作为前驱体，第一步是制备钛的氢氧化物的凝胶，反应有四氯化钛-氨水体系、钛醇盐一水体系。第二步将凝胶转入高压釜内，升温(<250℃)，造成高温、高压的环境，使难溶或不溶的物质溶解并且重结晶，生成纳米 TiO_2 粉体。水热法能直接制备洁净良好且纯度高的粉体，不需要作高温灼烧处理，避免形成粉体硬团聚，可通过改变工艺条件，实现对粉体粒径、晶型等特性的控制。水热法需要高温、高压，对设备的要求高，操作复杂，能耗较大。

除此之外，通过有机酸对纳米粒子的包覆及采用高分子化合物与无机纳米粒子形成复合材料，制备性能更加优异的纳米材料。

随着地球上矿物能源日趋枯竭及环境问题的出现，人们不断在寻找干净的新能源。太阳能是地球上唯一外来的永不枯竭的能源，科学家一直在研究其利用，太阳能电池的开发就是其中一种。我国的能源结构和资源的空间布局不太理想，开发太阳能是摆在我国科技工作者面前的紧迫研究课题之一。

传统的太阳能电池主要是 p-n 结型半导体太阳能电池，由于其制造工艺复杂、价格昂贵，应用主要限于卫星及军事上，其应用的广泛性受到限制。此外，这种电池还存在两个不足:① 窄禁带宽度半导体易于被光腐蚀;② 宽禁带宽度半导体不能利用大部分可见光能。1991 年 Gratzel 等制备了 TiO_2 纳米多孔膜半导体电极，用钌的有机配合物吸附在多孔膜上，制备成纳米晶 TiO_2 光电化学太阳能电池(Photoelectrochemical Solar Cell，简称 PEC)，光电能量转换效率达 7.1%～7.9%(模拟太阳光)和 12%(散射日光)，光电流密度大于

12 $mA \cdot cm^{-2}$，其性能及价格比可与当时最好的非晶硅 p-n 结固态太阳能电池比拟，从而使 PEC 的研究重新升温。

PEC 主要由光阳极、含氧化还原对的电解质溶液及对电极组成。关键技术在光阳极上，制作方法是在导电玻璃上制备一层光活性物质半导体膜。目前常用来制备这层膜的半导体材料有 TiO_2、SnO_2、ZnO、CdSe、WS_2、Fe_2O_3、CdS 等，研究最多的是 TiO_2 薄膜。由于其禁带宽度比较宽，只能吸收紫外区光线，光电转换率及太阳光的利用都受到限制。为了提高光电转换率，对半导体进行修饰，即通过在其表面修饰其他一些禁带宽度较窄的半导体或染料等进行敏化，就可以使吸收红移至可见光区。

电解质溶液中含有氧化还原电对，常用的有 $Fe(CN)_6^{3-}/Fe(CN)_6^{4-}$、$(SCN)_2^-/SCN^-$、$I_3^-/I^-$ 等。对电极常用 Pt、Au 等金属或用镀有这些金属的导电玻璃。

当光照条件下，敏化剂吸收光能而跃迁到激发态。由于激发态的能级在 TiO_2 导带之上，所以通过敏化剂与 TiO_2 表面相互作用，电子很快转移到 TiO_2 导带，进入 TiO_2 导带中的电子最终将进入导电玻璃，然后通过外电路到达对电极，产生光电流。敏化剂一般要求具有较高的消光系数及其能级结构与半导体能带位置较好地匹配，只有合理配置，整个器件才能正常运行。整个光电化学反应过程如下：

(1) 敏化剂(S)吸收光能激发，激发态的敏化剂(S^*)向 TiO_2 导带注入电子而成为氧化态的敏化剂(S^+)，反应式为：

$$S \xrightarrow{h\nu} S^* \rightarrow S^+ + TiO_2(e)$$

(2) 氧化态敏化剂被还原型物质(R)还原，反应式为：

$$S^+ + R \rightarrow S + O$$

(3) 被氧化生成的氧化型物质(O)在光阴极上再还原成还原型物质，参加下一个循环的反应，反应式为：

$$O + ne \rightarrow R$$

在这种 PEC 中，以下四种因素会影响光电流的产生：① TiO_2 导带上的电子向溶液中的还原型物质转移产生暗电流；② TiO_2 导带中的电子也可能与半导体表面的敏化剂分子复合；③ 激发态的敏化剂分子可能通过内部转移回到基态；④ TiO_2 中的电子可能会在 TiO_2 晶体内部或界面复合。然而，当吸附在光阳极表面的敏化剂分子的注入轨道是羧基联吡啶配体的反键轨道 π^* 时，羧基基团直接和 TiO_2 表面的 Ti(Ⅳ)相互作用，使得 π^* 波函数与 TiO_2 导带上 3 d 轨道发生良好的电耦合，导致敏化剂分子向半导体的电子注入速度非常快，从而使 PEC 能达到较高的光电转换效率。

PEC 具有永久性、清洁性和灵活性三大优点。PEC 寿命长，只要太阳存在，PEC 就可以一次投资而长期使用；与火力发电、核能发电相比，PEC 不会引起环境污染；PEC 可以大中小并举，大到百万千瓦的中型电站，小到只供一户用的 PEC 组，这是其他电源无法比拟的。正因为太阳能电池具有如此多的优点，其制造能力正迅速增长，目前德国、荷兰、日本、俄罗斯等国家已有大型的太阳能电池厂。然而，由于太阳能电池的价格较高，离现在的电价仍有一定的距离，因此目前在地面上仍不能广泛应用。如何降低太阳能电池的价格成为目前科学工作者的重要任务。美国开发的纸卷式太阳能电池的成本比现在制造的大多数太阳能电池的价格低得多,值得借鉴。

本实验制备的新型的纳米晶光太阳能电池是以铟锡氧化物为基体的纳米 TiO_2 多孔膜作为光阳极,以二联吡啶钌(Ⅱ)作为光敏化剂,以 $Fe(CN)_6^{3-/4-}$ 作为电解质中的氧化还原电对,铂片作为对电极。用制备的纳米 TiO_2 制备半导体光电化学太阳能电池。对这些电池常用的表征方法有:

① TiO_2 溶胶的透射电镜图　根据 TiO_2 溶胶的透射电镜照片,可确定胶体溶液中 TiO_2 微粒粒径所处的大小范围。一般情况下,膜上 TiO_2 的粒径不会因烧结而变化,450℃烧结后的 TiO_2 主要是锐钛矿晶型,有利于粒子间产生电子接触,从而使二氧化钛电极导电。

② 工作电极的循环伏安谱　分别以 TiO_2 和 TiO_2/敏化剂电极为工作电极,以铂电极为对电极,以饱和甘汞电极为参比,以 pH=6.86 的磷酸盐缓冲溶液为支持电解质,测定其循环伏安曲线,由此可确定敏化剂是否吸附在纳米 TiO_2 多孔膜上,同时可考察敏化剂在纳米 TiO_2 电极上的循环伏安行为。

③ 工作电极的 UV-Vis 吸收曲线　以 ITO 导电玻璃作参比物,分别测 TiO_2、TiO_2/敏化剂电极的 UV-Vis 吸收曲线。由此可观察 TiO_2 电极在敏化剂和氧化还原电对存在时的吸收情况。为此可分析敏化剂和氧化还原电对的作用。

④ PEC 的光电谱　以 TiO_2 和 TiO_2/敏化剂为光阳极,根据图 37-1 的 Grätzel 型 PEC 组装电池,分别测定在有和无 $Fe(CN)_6^{3-/4-}$ 电对存在时在不同波长下 PEC 产生的光电流,分析 TiO_2 电极敏化前后光电响应的波长区间。

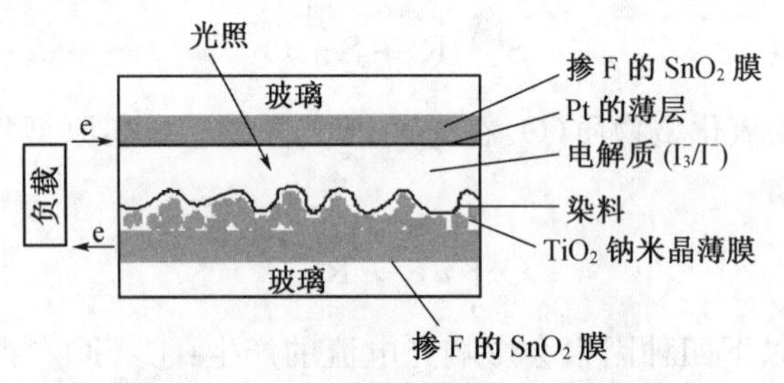

图 37-1　Grätzel 型 PEC 的结构示意图

敏化剂能够拓宽 TiO_2 产生光电流的波长范围是因为敏化剂在长波长区有特征吸收带,它的激发态能级与 TiO_2 纳米粒子导带位置相匹配,即敏化剂分子吸收特定能量的光子产生电子跃迁后,处于激发态的电子能级位置高于半导体导带边位置,从而将电子向纳米粒子导带注入。

三、实验仪器与药品

1. 仪器

紫外可见分光光度计、X-衍射仪、TEM、ζ-粒径测定仪、热分析仪、吸附与比表面测定仪、电子天平、磁力搅拌器、恒温装置、玻璃仪器、真空干燥器、高速离心机、马弗炉、光催化反应器、红外光谱仪、玛瑙研钵、透射电镜、200 W 氙灯、光栅单色仪、辐照计、箱式电阻炉(配系列温控仪)、高通滤光片(>350 nm)、红外线灯、多功能万用表、恒电位仪、X-Y 记录仪、石英比色皿、铂丝、铜薄膜、导电玻璃、烧杯、分液漏斗。

2. 药品

$TiCl_4$、$Ti(OC_4H_9)_4$、乙醇、盐酸、Na_2CO_3、甲基橙、活性碳、沸石、氨水、NaOH、丙酮、PVP、环己烷、异丙醇、硝酸、无水乙醇、铁氰化钾、亚铁氰化钾、二联吡啶钌(Ⅱ)；二次蒸馏水。

四、实验步骤

1. 纳米颗粒制备

(1) 液相沉淀法

采用 $TiCl_4$(CP 级)作为前驱体。在冰水浴下强力搅拌，将一定量的 $TiCl_4$ 滴入去离子水中。将溶有 $(NH_4)_2SO_4$ 和浓盐酸的水溶液滴加到所得的 $TiCl_4$ 水溶液中，搅拌，混合过程中温度控制在 15℃以下。此时 $TiCl_4$ 浓度：1.1 mol・L^{-1}，$Ti^{4+}/H^+=15$，$Ti^{4+}/SO_4^{2-}=1/2$。将混合物升温至 95℃，保持 1 h，加入浓氨水，调节 pH 至 6 左右，冷却至室温，陈化 12 h，过滤。用去离子水洗去氯离子(用 0.1 mol・L^{-1}的 $AgNO_3$ 溶液检验)后，再用乙醇洗涤三次，过滤，室温下真空干燥，将真空干燥后的粉体于 600℃和 800℃下分别进行焙烧，得到纳米 TiO_2 粒子。

(2) 溶胶-凝胶法

将 37%浓盐酸和去离子水加入到乙醇中，制备 B 溶液；$Ti(OC_4H_9)_4$ 与 B 溶液混合均匀得到 A 溶液；将 B 溶液缓慢地滴到搅拌下的 A 溶液中，水解得一透明的溶胶。加热蒸发，并经真空干燥，再以去离子水洗涤至无氯离子。真空干燥 12 h 后，分别在 600℃和 800℃下进行焙烧，得到纳米 TiO_2 粒子。

(3) 微乳液法

以 TritonX－100、环己烷、正己醇、$TiCl_4$、氨水为原料，制备 TiO_2 纳米粒子。

(4) 水热法

① 配制一定浓度的 $TiCl_4$ 或 $Ti(SO_4)_2$ 和 Na_2CO_3 溶液；

② 在搅拌下将 Na_2CO_3 溶液滴加到 $TiCl_4$ 或 $Ti(SO_4)_2$ 溶液中，调节 pH 小于 3，生成前驱体钛溶胶或凝胶；

③ 将前驱体放入衬有 PTFE(聚四氟乙烯)的 100 mL 高压反应釜中，160℃下反应 6 h；

④ 将凝胶抽滤，并用去离子水和丙酮洗涤，80～100℃干燥。再分别在 600℃和 800℃进行焙烧，得到纳米 TiO_2 粒子。

(5) 水解法

在冰水浴下，将 10 mL $TiCl_4$ 缓慢滴入 250 mL(含有 2.5～15 mL 盐酸)的去离子水中(水温 7℃)，滴加速度控制在 2 mL・min^{-1}，并不断地强烈搅拌，滴加完毕时，溶液的温度应控制在 20℃以下。将此溶液加热到 60℃，在此温度下保温 3 h，冷却至 20℃，保持 12 h，然后过滤，用去离子水洗涤沉淀 5 次，移出沉淀物，真空干燥 12 h(30℃)，再在 105℃干燥 6 h，最后再在 600℃和 800℃下分别进行焙烧，得到纳米 TiO_2 粒子。

(6) 纳米复合材料的制备

采用 PVP(聚乙烯吡咯烷酮)与 TiO_2 制备有机-无机复合薄膜。

① 将 19.20 mL $Ti(OC_4H_9)_4$、40 mL 无水乙醇加入三颈烧瓶中，在剧烈搅拌下向其中

缓慢滴加 40 mL 稀盐酸(n_{H_2O} : n_{HCl} = 2 : 0.5),滴加完毕后,加入 0.5 g PVP,继续搅拌 2 h;

② 基片准备:玻片在浓硫酸和 30%的过氧化氢($V_{H_2SO_4}/V_{H_2O_2}$ = 7 : 3)混合液中超声 3 h,用去离子水充分漂洗后,依次用去离子水、无水乙醇清洗,洗净后的玻片干燥后,置于干燥器中待用;

③ 用浸涂法成膜,拉膜速度 4.60 $cm \cdot min^{-1}$;

④ 将所用的薄膜式样经 150℃高温处理 30 min,以制得固化的有机-无机复合薄膜。

2. 光催化剂的制备

(1) 载体选择

活性炭、沸石或其他。

(2) 制备方法

① 无载体——直接将已制备好的纳米 TiO_2 粒子微粉作为催化剂;

② 沉淀法——以液相沉淀法制备纳米 TiO_2 粒子时,将载体混合在溶液中,使生成的 TiO_2 水合物包覆在载体上,再经烘干制得;

③ 浸渍吸附法——将预先处理过的载体浸入已制备好的钛溶胶中,使其负载于载体之上,再经烘干制备得催化剂。

3. 性能表征

(1) 粒径测定

① TEM(透射电镜)法;

② ζ-粒径测定仪测定;

③ XRD(X 射线粉末衍射仪)法;

④ 吸收光谱测定法:

Brus 将光生电子和光生空穴作为类氢原子来处理,利用有效质量近似模型,提出了著名的 Brus 方程来描述粒径减小对能隙值的影响:

$$\Delta E = (\eta^2 \pi^2 / 2R^2)[(1/m_e) + (1/m_h)] - (1.78e^2/\varepsilon R) - 0.248E_{Ry}^*$$

式中:R 为粒子半径;ε 为介电常数;m_e 和 m_h 为电子和空穴的有效质量;E_{Ry}^* 为有效 Rydberg 能,$(\eta^2\pi^2/2R^2)[(1/m_e)+(1/m_h)]$为定域能,第二项为库仑引力。锐钛矿相和金红石相 TiO_2 体相材料的介电常数 ε 分别为 34 和 111,而粒径极小的 TiO_2 的介电常数比体相材料的要大得多,故等式右边的第三项可以忽略。不难发现,TiO_2 的晶体粒径越小,则吸收带越蓝移。因此,可以通过测定钛溶胶的吸收光谱来定性地判断所制备的纳米 TiO_2 粒子的大小。

(2) XRD 测定晶相

通过 XRD 法测定 TiO_2 的晶相,并与标准图谱进行比较判断:① 板钛矿相;② 锐钛矿相;③ 金红石相。

(3) 热分析测定

晶型转变温度的测定。

(4) 比表面积测定(BET)

采用比表面及吸附测定仪测定的纳米 TiO_2 粒子的比表面积。

(5) 红外光谱测定

通过 KBr 压片法测定红外光谱。

(6) 纳米 TiO_2 光催化剂的光催化性能测定

① 配置 29 mg · L^{-1}的甲基橙溶液作为光解液;

② 调节 pH 至 6.86,将此溶液移至 500 mL 烧杯中,有紫外灯照射,搅拌;

③ 分别将 0.1 g 纳米 TiO_2 光催化剂加入光反应器中进行光降解反应一定时间,取反应液离心分离 TiO_2 光催化剂后,取上层清液;

④ 以分光光度计在 460 nm 处测其吸光度 A,通过测定甲基橙溶液浓度下降速度来衡量光催化剂性能。

(7) 复合薄膜材料的表征

① 紫外-可见吸收光谱分析:在波长 200～600 nm 下进行扫描;

② 红外光谱分析:直接法测定;

③ SEM 分析;

④ 接触角测定。

4. 纳米晶光太阳能电池的制备

(1) TiO_2 胶体溶液的制备

在无水环境中,将 5 mL 钛酸四丁酯加入含 2 mL 异丙醇的分液漏斗中,将混合液充分震荡后缓慢滴入(1 滴/s) 60～70℃水浴恒温的含 1 mL 浓硝酸的 100 mL 去离子水中,并不停搅拌,直至形成透明的 TiO_2 胶体溶液。搁置一段时间后(溶胶凝胶法制备超微粒约需 12 h 左右),透射电镜检验组成溶胶超微粒的大小。

(2) TiO_2 电极制备

将 ITO 导电玻璃经无水乙醇、去离子水冲洗、干燥后,将其插入溶胶中提拉浸泡,直至形成均匀液膜,取出平置自然晾干后,在红外灯下烘干,即得 TiO_2 薄膜。最后在(450±10)℃下热处理 30 min 即得导电 TiO_2 电极。

(3) 敏化 TiO_2 电极的制备

将经热处理的 TiO_2 电极冷却至 80℃左右,迅速浸入 0.1 mmol · L^{-1}二联吡啶钌的乙醇溶液中,浸泡 24 h 取出即得经敏化 TiO_2 电极。最后采用铜薄膜在未覆盖 TiO_2 膜的铟锡氧化物导电基引出,并用生料带外封。(以上过程约需 6 h)

(4) 工作电极的循环伏安谱

为证实敏化剂是否吸附在 TiO_2 纳米多孔膜上,并考察敏化剂在纳米 TiO_2 电极上的电化学行为,将制备的经敏化和未敏化的 TiO_2 电极分别经蒸馏水清洗后,置于三电极的电化学体系和磷酸缓冲溶液为支持电解质测定其循环伏安图谱。

(5) 工作电极的吸收光谱

同时,为了考察敏化剂在纳米多孔膜上的光谱行为,将制备的经敏化和未敏化的 TiO_2 电极分别经去离子水清洗后,置于光谱仪的样品光路上,用 ITO 电极作参比物,测定各自的吸收光谱。

(6) PEC 的光电流谱

采用敏化 TiO_2 电极作为光阳极,铂片作为对电极,以铁氰化钾/亚铁氰化钾作为氧化还原电对,测定其在 0.025 mol · L^{-1}磷酸缓冲溶液中,以不同波长单色光激发下光电流随波长变化的关系曲线(与无铁氰化钾/亚铁氰化钾作为氧化还原电对的体系进行比较)。

（7）太阳能电池实验记录与数据处理

① TiO_2 粒径的大小：________

② 结论：在约________nm处有较强吸收峰。

③ 结论：在0.2～1.5 V电位范围呈现的现象________________。

④ 光电化学行为：

表 37-1 太阳能电池光电化学行为

光波长 Λ/nm	光电流 I/μA			
	不存在 Fe(Ⅲ)/Fe(Ⅱ)电对时		存在 Fe(Ⅲ)/Fe(Ⅱ)电对时	
	TiO_2 电极	Ru/ TiO_2 电极	TiO_2 电极	Ru/ TiO_2 电极
320				
350				
380				
410				
440				
470				
500				
530				
560				
590				
620				

五、问题与思考

（1）光电化学太阳能电池与p-n结型半导体太阳能电池比较，有哪些特点？

（2）影响光电化学太阳能电池的光电转换效率的主要因素有哪些？

（3）敏化剂和氧化还原电对在光电化学太阳能电池中所起的作用有哪些？

六、参考文献

（1）古映莹，邱小勇，杜作娟. 化工新型材料，2004(3)：36～40.

（2）翟金清，方邱明，陈焕钦. 合成材料老化与应用，2002(4)：78～80.

（3）卞国庆，纪顺俊. 综合化学实验[M]. 江苏：苏州大学出版社，2007.

（4）张青江，高濂，郭景坤. 无机材料学报，2001(1)：47～49.

（5）李晓娥，陈秀娟，张森，祖庸. 稀有金属材料与工程，1995(5)：55～56.

（6）刘宝春，王锦堂，顾国亮，汤志云，魏名华. 南京化工大学学报，1997(10)：33～34.

（7）B. O'Regan, M. Grätzel. A low-cost, high-efficiency solar cell based on dye-sensitized colloidal TiO_2 films[J]. Nature, 1991(353)：737～739.

（8）钱新明，白玉白，李铁津等. Grätzel型光电化学太阳能电池(PEC)研究进展[J]. 化学研究进展,2000,12(2):141～151.

(9) 柳闽生,郝彦忠,余赪等. 纳米尺度 TiO_2 微粒多孔膜电极光电化学[J]. 物理化学学报,1997,13(11):992～998.

(10) 张胜涛,张建蓉,张大贵. 纳米 TiO_2 膜的光活性研究与应用现状[J]. 科技前沿与学术评论,2002,24 (1):35～40.

(11) 罗瑾,苏连永,谢雷等. 二氧化钛纳米微粒膜光电化学行为的研究[J]. 物理化学学报,1998,14 (4):315～319.

(12) 柳闽生,杨迈之,郝彦忠等. 纳米尺度 TiO_2/聚吡咯多孔膜电极光电化学研究[J]. 高等学校化学学报,1997,18(6):938～942.

(13) 张莉,杨迈之,高恩勤等. 五甲川菁染料的敏化作用及其在 Grätzel 型太阳能电池中的应用[J]. 高等学校化学学报,2000(10):1543～1546.

本实验按 60 学时的教学要求,教师可以相应增减内容。

图书在版编目(CIP)数据

综合化学实验 / 路建美，黄志斌主编. —2 版. —南京：南京大学出版社，2014. 5(2022. 7 重印)

高等院校化学实验教学改革规划教材

ISBN 978 - 7 - 305 - 13222 - 3

Ⅰ. ①综… Ⅱ. ①路… ②黄… Ⅲ. ①化学实验—高等学校—教材 Ⅳ. ①O6 - 3

中国版本图书馆 CIP 数据核字（2014）第 100530 号

出版发行 南京大学出版社
社　　址 南京市汉口路 22 号　　邮编 210093
网　　址 http://www. NjupCo. com
出 版 人 金鑫荣

丛 书 名 高等院校化学实验教学改革规划教材
书　　名 综合化学实验
总 主 编 孙尔康　张剑荣
主　　编 路建美　黄志斌
责任编辑 揭维光　吴　汀　　编辑热线 025 - 83592146

照　　排 南京开卷文化传媒有限公司
印　　刷 南京人文印务有限公司
开　　本 787×1 092　1/16　印张 10.5　字数 262 千
版　　次 2022 年 7 月第 2 版第 2 次印刷
ISBN 978 - 7 - 305 - 13222 - 3
定　　价 35.00 元

发行热线 025 - 83594756
电子邮箱 Press@NjupCo. com
　　　　 Sales@NjupCo. com(市场部)
